对接世界技能大赛技术标准创新系列教材
技工院校一体化课程教学改革模具制造专业教材

单分型面塑料模具制作

人力资源社会保障部教材办公室　组织编写

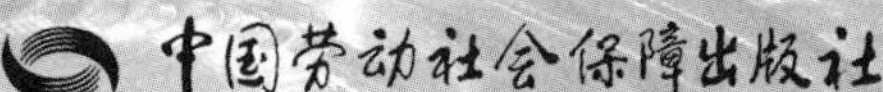

内容简介

本套教材为对接世赛标准深化一体化专业课程改革模具制造专业教材，对接世赛塑料模具工程、原型制作项目，学习目标融入世赛要求，学习内容对接世赛技能标准，考核评价方法参照世赛评分方案，并设置了世赛知识栏目。

本书主要内容包括塑料碗塑料成型模制作工作准备、塑料碗塑料成型模型芯加工、塑料碗塑料成型模型腔加工、塑料碗塑料成型模冷却水道加工、塑料碗塑料成型模推出机构加工、塑料碗塑料成型模装配、塑料碗塑料成型模试模与修模等。

图书在版编目（CIP）数据

单分型面塑料模具制作 / 人力资源社会保障部教材办公室组织编写. -- 北京：中国劳动社会保障出版社，2021

对接世界技能大赛技术标准创新系列教材　技工院校一体化课程教学改革模具制造专业教材

ISBN 978-7-5167-4864-0

Ⅰ. ①单…　Ⅱ. ①人…　Ⅲ. ①塑料模具－制造－技工学校－教材　Ⅳ. ①TQ320.5

中国版本图书馆 CIP 数据核字（2021）第 210621 号

中国劳动社会保障出版社出版发行

（北京市惠新东街 1 号　邮政编码：100029）

*

北京市艺辉印刷有限公司印刷装订　新华书店经销

880 毫米 ×1230 毫米　16 开本　13.5 印张　315 千字

2021 年 12 月第 1 版　2025 年 7 月第 2 次印刷

定价：38.00 元

营销中心电话：400-606-6496

出版社网址：http://www.class.com.cn

http://jg.class.com.cn

对接世界技能大赛技术标准创新系列教材

编审委员会

模具制造专业课程改革工作小组

本书编审人员

主　　编：巫志华

副 主 编：黄达辉

参　　编：谢　全　冯兴瀚　谭　捷　罗　华

主　　审：崔兆华

序

世界技能大赛由世界技能组织每两年举办一届，是迄今全球地位最高、规模最大、影响力最广的职业技能竞赛，被誉为“世界技能奥林匹克”。我国于2010年加入世界技能组织，先后参加了五届世界技能大赛，累计取得36金、29银、20铜和58个优胜奖的优异成绩。第46届世界技能大赛将在我国上海举办。2019年9月，习近平总书记对我国选手在第45届世界技能大赛上取得佳绩作出重要指示，并强调，劳动者素质对一个国家、一个民族发展至关重要。技术工人队伍是支撑中国制造、中国创造的重要基础，对推动经济高质量发展具有重要作用。要健全技能人才培养、使用、评价、激励制度，大力发展技工教育，大规模开展职业技能培训，加快培养大批高素质劳动者和技术技能人才。要在全社会弘扬精益求精的工匠精神，激励广大青年走技能成才、技能报国之路。

为充分借鉴世界技能大赛先进理念、技术标准和评价体系，突出“高、精、尖、缺”导向，促进技工教育与世界先进标准接轨，完善我国技能人才培养模式，全面提升技能人才培养质量，人力资源社会保障部于2019年4月启动了世界技能大赛成果转化工作。根据成果转化工作方案，成立了由世界技能大赛中国集训基地、一体化课改学校，以及竞赛项目中国技术指导专家、企业专家、出版集团资深编辑组成的对接世界技能大赛技术标准深化专业课程改革工作小组，按照创新开发新专业、升级改造传统专业、深化一体化专业课程改革三种对接转化原则，以专业培养目标对接职业描述、专业课程对接世界技能标准、课程考核与评价对接评分方案等多种操作模式和路径，同时融入健康与安全、绿色与环保及可持续发展理念，开发与世界技能大赛项目对接的专业人才培养方案、教材及配套教学资源。首批对接 19 个世界技能大赛项目共 12 个专业的成果将于 2020—2021 年陆续出版，主要用于技工院校日常专业教学工作中，充分发挥世界技能大赛成果转化对技工院校技能人才的引领示范作用。在总结经验及调研的基础上选择新的对接项目，陆续启动第二批等世界技能大赛成果转化工作。

希望全国技工院校将对接世界技能大赛技术标准创新系列教材，作为深化专业课程建设、创新人才培养模式、提高人才培养质量的重要抓手，进一步推动教学改革，坚持高端引领，促进内涵发展，提升办学质量，为加快培养高水平的技能人才作出新的更大贡献！

2020年11月

目　录

学习任务一　塑料碗塑料成型模制作工作准备

学习目标

1. 能理解企业对环境、安全、卫生和事故预防的要求。

2. 能根据塑料制件成型方法的不同区分塑料成型模（简称塑料模）类型。

3. 能识读塑料碗塑料成型模的装配图和零件图。

4. 能根据塑料碗塑料成型模零件的图样，明确模具材料的牌号。

5. 能根据塑料成型模实物或模型，说出塑料成型模的组成部分及作用。

6. 能正确描述塑料碗塑料成型模的工作原理。

7. 能按照制图标准绘制塑料碗塑料成型模装配图。

8. 能根据模具生产过程和技术要求，制定合理的塑料碗塑料成型模加工工艺路线。

9. 能根据塑料碗塑料成型模制作要求，制订模具制作工作计划。

10. 能在工作过程中严格执行企业操作规范、安全生产制度、环保管理制度以及7S管理规定，严格遵守从业人员的职业道德，具有吃苦耐劳、爱岗敬业的工作态度和职业责任感。

11. 能与班组长、工具管理员等相关人员进行有效的沟通与合作。

12. 能主动展示并汇报工作成果，对工作过程中出现的问题进行反思和总结，从而优化方案和策略，并具备知识迁移能力。

10 学时。

工作情景描述

某模具厂通过业务洽谈与某塑料制件厂签订了塑料碗塑料成型模制作合同。塑料制件厂提供产品（塑料碗）零件图，要求塑料碗塑料成型模选用标准模架，模具寿命为8万次，交货期为20天。模具厂设计人员按照塑料制件厂要求进行模具设计，完成图纸绘制后，安排模具生产车间模具工进行加工。模具工接受塑料碗塑料成型模制作任务，分析模具装配图和零件图，明确模具的工作原理，根据车间现有的设备制订模具制作工作计划，为模具制作做好准备。

产品图及模具装配图

塑料碗产品见图 1–1，塑料碗塑料成型模装配图见图 1–2。

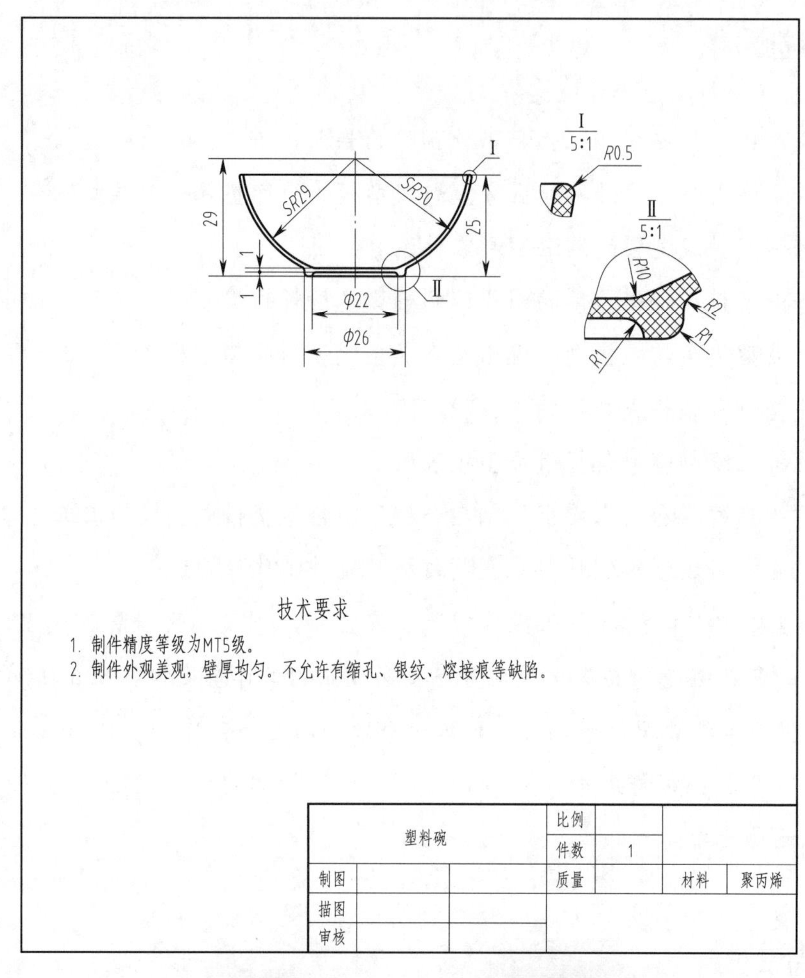

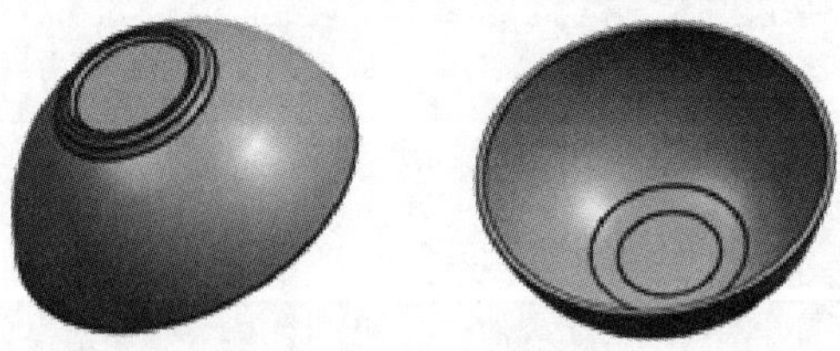

图 1–1　塑料碗产品

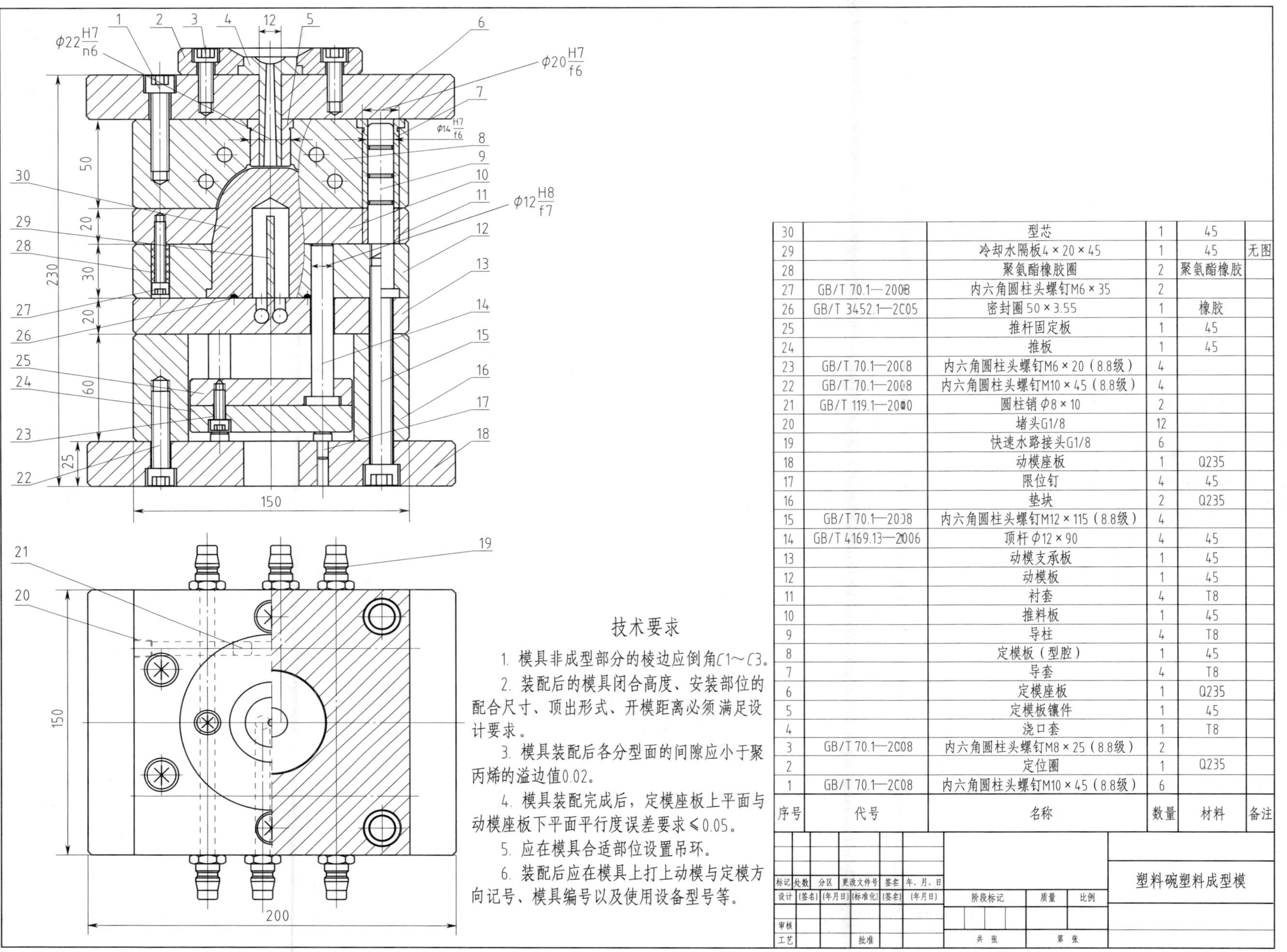

技术要求

1. 模具非成型部分的棱边应倒角C1～C3。
2. 装配后的模具闭合高度、安装部位的配合尺寸、顶出形式、开模距离必须满足设计要求。
3. 模具装配后各分型面的间隙应小于聚丙烯的溢边值0.02。
4. 模具装配完成后，定模座板上平面与动模座板下平面平行度误差要求≤0.05。
5. 应在模具合适部位设置吊环。
6. 装配后应在模具上打上动模与定模方向记号、模具编号以及使用设备型号等。

序号	代号	名称	数量	材料	备注
30		型芯	1	45	
29		冷却水隔板4×20×45	1	45	无图
28		聚氨酯橡胶圈	2	聚氨酯橡胶	
27	GB/T 70.1—2008	内六角圆柱头螺钉M6×35	2		
26	GB/T 3452.1—2005	密封圈 50×3.55	1	橡胶	
25		推杆固定板	1	45	
24		推板	1	45	
23	GB/T 70.1—2008	内六角圆柱头螺钉M6×20（8.8级）	4		
22	GB/T 70.1—2008	内六角圆柱头螺钉M10×45（8.8级）	4		
21	GB/T 119.1—2000	圆柱销 φ8×10	2		
20		堵头G1/8	12		
19		快速水路接头G1/8	6		
18		动模座板	1	Q235	
17		限位钉	4	45	
16		垫块	2	Q235	
15	GB/T 70.1—2008	内六角圆柱头螺钉M12×115（8.8级）	4		
14	GB/T 4169.13—2006	顶杆 φ12×90	4	45	
13		动模支承板	1	45	
12		动模板	1	45	
11		衬套	4	T8	
10		推料板	1	45	
9		导柱	4	T8	
8		定模板（型腔）	1	45	
7		导套	4	T8	
6		定模座板	1	Q235	
5		定模板镶件	1	45	
4		浇口套	1	T8	
3	GB/T 70.1—2008	内六角圆柱头螺钉M8×25（8.8级）	2		
2		定位圈	1	Q235	
1	GB/T 70.1—2008	内六角圆柱头螺钉M10×45（8.8级）	6		

图 1-2　塑料碗塑料成型模装配图

工作流程与活动

1．接受工作任务、明确工作要求（1 学时）

2．认识塑料碗塑料成型模结构及工作原理（2 学时）

3．识读并绘制塑料碗塑料成型模装配图（3 学时）

4．制订塑料碗塑料成型模制作工作计划（3 学时）

5．工作总结、成果展示与经验交流（1 学时）

学习活动 1　接受工作任务、明确工作要求

学习目标

1. 能在工作现场执行 7S 管理规定。
2. 能说出塑料的成型工艺及其特点。
3. 能说出塑料成型模的类型及其结构特点。
4. 能明确工作任务要求，并收集相关资料，制订工作计划。
5. 能在工作中应用专业术语进行交流。

建议学时：1 学时。

学习过程

1．“安全促进生产，生产必须安全”是企业安全生产必须遵循的准则。人的不安全行为和环境的不安全因素是造成事故的主要原因。结合本任务所需工作环境指出在日常生产中可能存在的不安全行为以及生产车间环境中的不安全因素。

2．模具是工业生产的重要工艺装备，它被用来成型具有一定形状和尺寸的制件。在日常生活中除了经常接触到冷冲压制件以外，还经常看到很多塑料成型制件（图 1–3）。这些塑料成型制件都是采用模具进行塑料成型加工的。想一想，生活中还有哪些物品是塑料成型制件？列出 4 ~ 5 个。

图 1–3 塑料成型制件

3．塑料最常见的成型工艺有注射成型、压缩成型、压注成型、挤出成型和中空吹塑成型等。

（1）查阅资料，在表 1–1 中填写与各注射成型工艺方式相对应的工作原理和加工范围。

表 1–1 注射成型工艺方式

注射成型工艺方式	工作原理	加工范围
注射成型		
压缩成型		
压注成型		
挤出成型		
中空吹塑成型		

（2）和以上成型工艺相对应的塑料成型模主要有注射模、压缩模、压注模、挤出模和中空吹塑模等。根据表 1–2 中塑料成型模典型结构示意图，填写相应的成型特点。

表 1–2　　塑料成型模成型特点

模具类型	典型结构示意图	成型特点
注射模	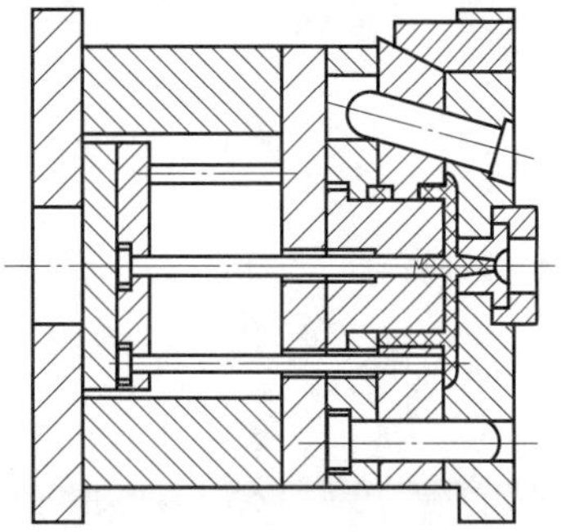	
压缩模	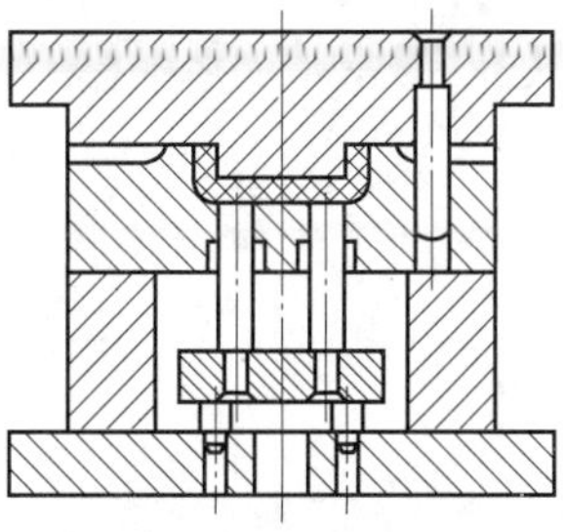	
压注模	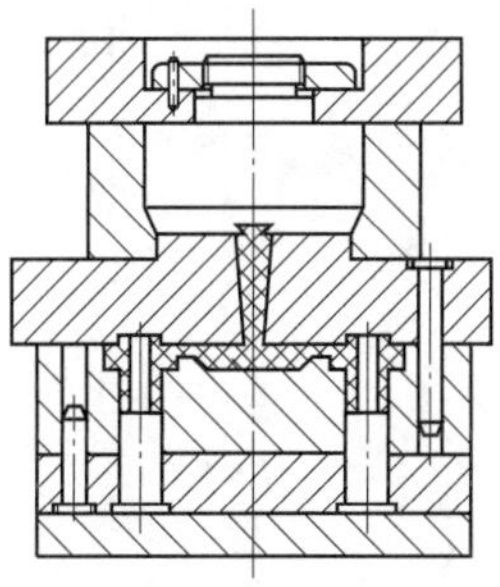	
挤出模	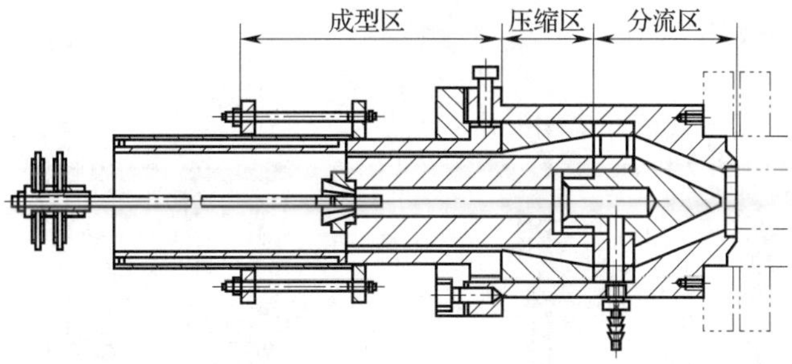 成型区　压缩区　分流区	
中空吹塑模	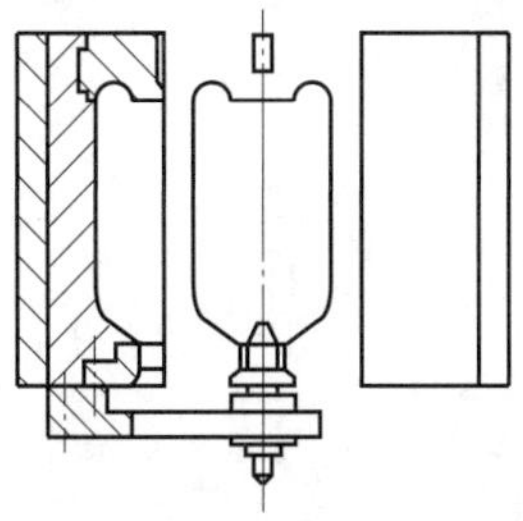	

（3）分组讨论：根据塑料碗制件的形状特征，讨论塑料碗成型时应采用的注射成型工艺，并阐述理由。

4．从模具设计的角度出发，注射模按总体结构特征分为六类：单分型面（双板式）注射模、双分型面（三板式）注射模、带有侧向分型与抽芯机构的注射模、带有活动镶件的注射模、自动卸螺纹注射模、无流道注射模。其中最常用的是单分型面注射模、双分型面注射模、带有侧向分型与抽芯机构的注射模。本任务中的塑料碗塑料成型模是注射模。

（1）查阅塑料成型模相关资料，试分析以上三种最常用的注射模的结构特点。

（2）观察图 1-4，判断两个模具的类型。

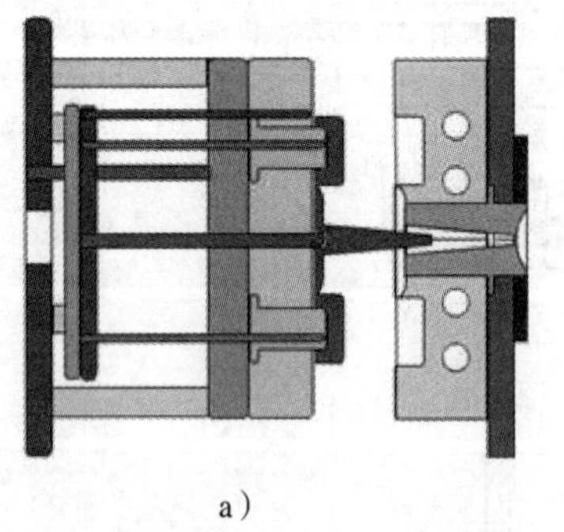

a）

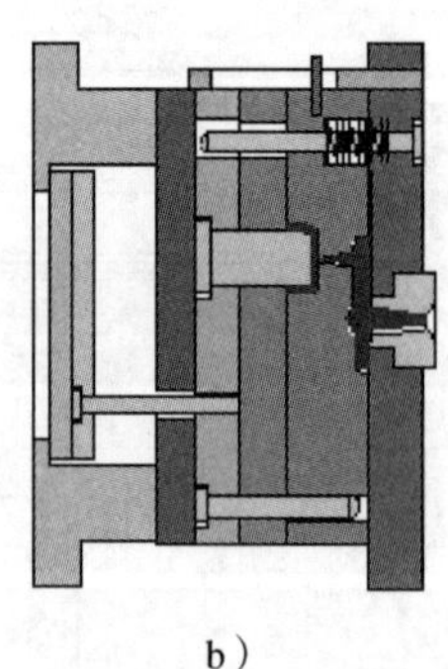

b）

图 1-4　注射模

5．在确定塑料碗塑料成型模的类型后，按照塑料碗塑料成型模制作的要求，讨论确定本小组人员在模具制作过程中的分工并记录。（提示：为保证模具制作的质量，确定一名质检员对所有零件的加工精度进行检测监控。）

评价与分析

学习活动过程评价表

班级		姓名	学号	日期	年　月　日
序号	评价内容和描述	评价细则	配分	得分	总评
1	能在工作现场执行7S管理规定	能够执行7S管理规定中的6～7条得20分，能够执行7S管理规定中的3～5条得10分，能够执行7S管理规定中的1～2条得1分	20		A□（86～100分）
2	能说出塑料成型模的成型工艺及其特点	一处不完整或不准确扣5分	25		B□（76～85分）
3	能说出塑料成型模的类型及结构特点	一处不完整或不准确扣5分	25		
4	能明确工作任务要求，并收集相关资料，制订工作计划	制订的工作计划一处不合理扣4分	20		C□（60～75分）
5	能积极参与小组讨论，运用专业术语与他人交流（小组长对成员打分）	参与积极性高，合作意识好得10分；参与积极性一般，合作意识一般得5分；参与积极性差，合作意识差得1分	10		D□（60分以下）
小结建议					

学习活动 2　认识塑料碗塑料成型模结构及工作原理

学习目标

1. 能识读塑料碗塑料成型模的装配图和零件图。

2. 能根据塑料碗塑料成型模的图样，明确模具材料的牌号。

3. 能说出注射模的组成部分及作用。

4. 能说出推出机构的类型和作用。

5. 能说出拉料杆常见的类型及应用场合。

6. 能正确描述塑料碗塑料成型模的工作原理。

建议学时：2 学时。

学习过程

1．识读塑料碗塑料成型模装配图和零件图，完成以下问题。

（1）塑料碗塑料成型模采用注射模标准模架进行制作，其中定模板、动模板、动模支承板、推料板应进行调质。你选用的标准模架的生产厂家是哪家？规格型号是什么？

（2）注射模标准模架包括哪些零件？

（3）阅读塑料碗塑料成型模装配图的明细栏，说明还有哪些零件可选用标准件。

（4）在塑料碗塑料成型模的制作任务中，需要加工的零件有哪些?

（5）塑料碗塑料成型模的型芯等成型零件材料为 45 钢，查阅相关材料，写出 45 钢作为成型零件材料应具备的性能。

（6）哪些模具零件需要进行热处理?

（7）45 钢作为成型零件材料应安排什么热处理?

2．识读塑料碗塑料成型模装配图，明确分型面位置。

分型面是决定模具结构形式的一个重要因素，分型面的类型、形状及位置与模具的整体结构、浇注系统、制件脱模和模具制造工艺有关，它不仅关系到模具结构的复杂程度，也关系到制件的成型质量。通过查阅资料和小组学习，回答以下问题:

（1）什么是分型面?

（2）分型面有什么作用?

（3）怎样选择模具的分型面?

（4）分析塑料碗塑料成型模装配图，此模具有个分型面，在装配图中标识出分型面位置。按照模具分型面的数量分类，此模具是什么模具?

（5）从塑料碗塑料成型模结构来看，模具只有一个型腔。在注射成型时，一次注射只能生产一件塑料产品，按照模具型腔的数量分类，此模具是什么模具?

3．注射模一般由动模和定模两大部分组成。动模安装在注塑机的移动模板上，定模安装在注塑机的固定模板上。注射成型时动模和定模闭合构成浇注系统和型腔。开模时，动模与定模分离，取出塑料制件。

根据模具中各个部件所起的作用不同，又可将注射模分为成型部件、浇注系统、导向部件、推出机构、调温系统、排气系统、侧抽芯机构、标准模架八个部件。

（1）查阅相关资料，将各部件的作用填入表 1–3。

（2）识读塑料碗塑料成型模装配图，将塑料碗塑料成型模零件进行分类，填写表 1–3。

（3）识读另一个如图 1–5 所示的注射模各部件示意图，确定各零件的名称，将零件进行分类，填写表 1–3。

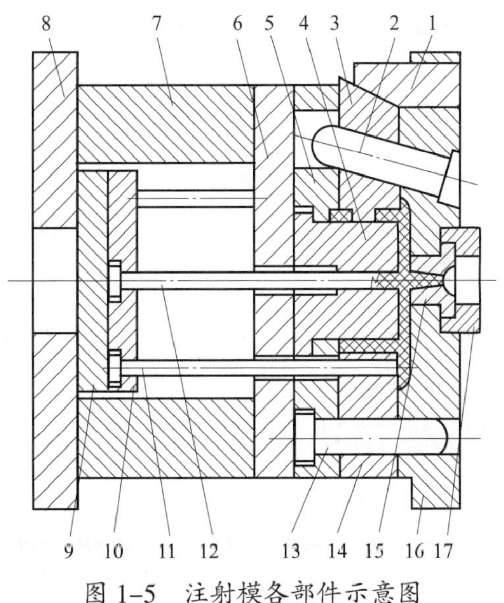

图 1–5　注射模各部件示意图

表 1–3　　注射模各部件

序号	组成	作用	塑料碗塑料成型模装配图中零件（序号 + 名称）	注射模各部件图中零件（序号 + 名称）
1	成型部件			
2	浇注系统			
3	导向部件			
4	推出机构			
5	调温系统			
6	排气系统			
7	侧抽芯机构			
8	标准模架			

4．注射成型的浇注系统一般由主流道、分流道、浇口和冷料井四部分组成。通过查阅相关资料，回答以下问题：

（1）识读图 1-6 所示的浇注系统，将箭头所指的浇注系统名称填入相应的空格处。

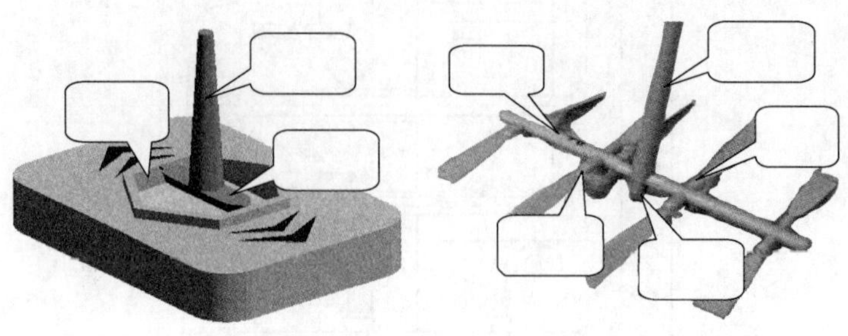

图 1-6　浇注系统

（2）塑料碗塑料成型模的浇注系统包括哪些部分？有哪些典型特征？

5．推出机构又称脱模机构，是指模具分型后将制件从模具中推出的装置。推出机构一般由推出部件（推杆、拉料杆）、复位部件（复位杆）和导向部件（推板导柱、推板导套）组成。

（1）查阅相关资料，说出推出机构的类型及适用场合。小组讨论塑料碗塑料成型模推出机构的类型。

（2）拉料杆的作用是在开模时将浇注系统中的冷料拉到动模一侧。它有 5 种类型，查阅相关资料，在表 1-4 中写出每种类型的应用场合。

表 1-4　　拉料杆的类型及应用场合

序号	类型	应用场合
1		

续表

序号	类型	应用场合
2		
3		
4		
5		

6．如图 1–7 所示，注射成型原理是将颗粒状或粉状塑料加热熔化呈流动态后，以高压和较快的速度注入温度较低的闭合型腔中，在模具的冷却作用下固化并定型，得到具有特定形状和质量的制件。这种成型方法是一种间歇式的操作过程，可生产结构复杂的制件，其成型制件占目前全部塑料制件的 20% ~ 30%，是塑料成型加工中重要方法之一。

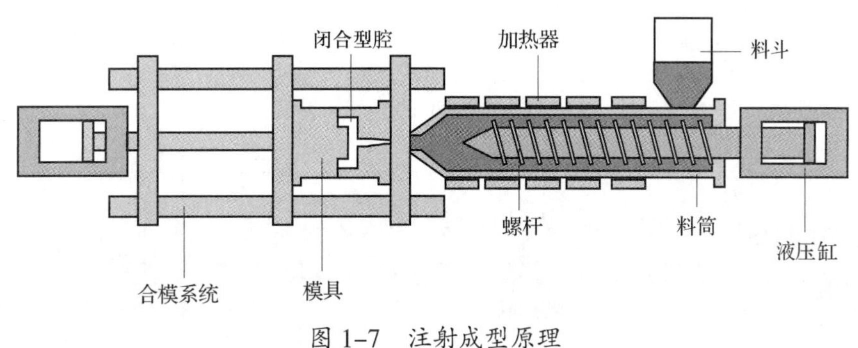

图 1–7　注射成型原理

注射成型一般过程：加料→加热塑化→闭模→加热注射→保压→冷却定型→开模取出制件。

根据注射成型原理、注射成型一般工作过程和塑料碗塑料成型模的装配图，说出塑料碗塑料成型模成型的工作原理。

评价与分析

学习活动过程评价表

<table>
<tr><td>班级</td><td></td><td>姓名</td><td></td><td>学号</td><td></td><td>日期</td><td colspan="2">年　月　日</td></tr>
<tr><td>序号</td><td colspan="2">评价内容和描述</td><td colspan="3">评价细则</td><td>配分</td><td>得分</td><td>总评</td></tr>
<tr><td>1</td><td colspan="2">能说出常用注射模的制作材料</td><td colspan="3">说出两种及以上得 10 分，说出一种得 5 分</td><td>10</td><td></td><td rowspan="5">A □
（86 ~ 100 分）

B □
（76 ~ 85 分）</td></tr>
<tr><td>2</td><td colspan="2">能说出注射模的组成部分及作用</td><td colspan="3">一处不完整或不准确扣 2 分</td><td>20</td><td></td></tr>
<tr><td>3</td><td colspan="2">能说出推出机构的类型，并能明确其各部分的作用</td><td colspan="3">一处不完整或不准确扣 3 分</td><td>15</td><td></td></tr>
<tr><td>4</td><td colspan="2">能说出拉料杆常见的类型及应用场合</td><td colspan="3">一处不完整或不准确扣 3 分</td><td>15</td><td></td></tr>
<tr><td>5</td><td colspan="2">能说出注射模的工作原理</td><td colspan="3">一处不完整或不准确扣 4 分</td><td>20</td><td></td></tr>
</table>

续表

序号	评价内容和描述	评价细则	配分	得分	总评
6	能说出塑料碗塑料成型模成型零件所用材料的性能	一处不完整或不准确扣 2 分	10		C □ （60 ~ 75 分）
7	能积极参与小组讨论，运用专业术语与他人交流（小组长对成员打分）	参与积极性高，合作意识好得 10 分；参与积极性一般，合作意识一般得 5 分；参与积极性差，合作意识差得 1 分	10		D □ （60 分以下）
小结建议					

学习活动3　识读并绘制塑料碗塑料成型模装配图

学习目标

1. 能根据塑料碗塑料成型模装配图说出模具装配图常用的表达方法。

2. 能根据塑料碗塑料成型模装配图说出各零部件的名称及零件间的装配关系。

3. 能合理布局图纸，按照制图标准绘制塑料碗塑料成型模装配图。

建议学时：3学时。

学习过程

1．识读塑料碗塑料成型模装配图。

（1）装配图一般包括哪几项基本内容?

（2）塑料碗塑料成型模装配图的主视图和俯视图分别反映模具的什么特征?

（3）塑料碗塑料成型模装配图中有哪些尺寸必须标注？为什么？

（4）塑料碗塑料成型模的长度、宽度、高度分别是多少？

2．根据塑料碗塑料成型模的装配图和零件图，查阅相关资料，明确零件间的配合关系，并将相关内容填入表 1–5。

表 1–5　塑料碗塑料成型模零件间的配合关系

序号	相关配合零件	配合方式	配合要求	图纸尺寸	配合盈隙
1	注塑机定位孔		H9/f9		
	定位圈				
2	浇口套		H7/m6		
	定模板				
3	导套		H7/m6		
	定模板				
4	导柱		H7/m6		
	动模板				
5	导柱		H7/f7		
	导套				
6	型芯		H7/m6		
	动模板				
7	复位杆		H7/f7		
	动模板				

3．零件图的各种表示方法同样适用于装配图，但模具的装配图着重表达模具的结构特点、工作原理和各零件的装配关系。针对这一特点，国家标准制定了表达机器（或部件）装配图的简化画法和特殊画法。

（1）指出塑料碗塑料成型模装配图中哪些零件可以采用简化画法。

（2）指出塑料碗塑料成型模装配图中哪些零件可以采用特殊画法。

4．根据塑料碗塑料成型模的装配尺寸，确定绘制模具装配图应选择的图幅规格，其具体尺寸是多少?

5．根据塑料碗塑料成型模装配图，说明塑料碗塑料成型模装配图绘制的具体要求。

6．用绘图软件绘制塑料碗塑料成型模装配图，并简要记录绘制步骤。

评价与分析

学习活动过程评价表

班级	姓名	学号	日期		年 月 日
序号	评价内容和描述	评价细则	配分	得分	总评
1	能根据模具装配图说出各零部件的名称	一处不正确扣 2 分	10		A □ （86 ~ 100 分）
2	能根据模具装配图说出该模具成型零件的材料和热处理要求	一处不正确扣 5 分	20		
3	能查阅注射模相关资料，说出塑料碗塑料成型模的装配过程	一处不合理扣 4 分	20		B □ （76 ~ 85 分）

续表

序号	评价内容和描述	评价细则	配分	得分	总评
4	能正确绘制塑料碗塑料成型模装配图	一处不正确扣 2 分	40		C □ （60 ~ 75 分） D □ （60 分以下）
5	能积极参与小组讨论，运用专业术语与他人交流（小组长对成员打分）	参与积极性高，合作意识好得 10 分；参与积极性一般，合作意识一般得 5 分；参与积极性差，合作意识差得 1 分	10		
小结建议					

学习活动 4　制订塑料碗塑料成型模制作工作计划

学习目标

1. 能根据模具生产过程和技术要求，制定合理的模具加工工艺路线。

2. 能正确叙述塑料碗塑料成型模的制作过程。

3. 能根据模具制作要求，合理选择加工设备。

4. 能根据模具制作要求，合理选择零件材料。

5. 能根据模具制作要求，制订模具制作工作计划。

建议学时：3 学时。

学习过程

1. 模具加工工艺的制定必须因地制宜，根据实际情况选择加工设备。模具工应熟悉机床的用途和加工性能，制定的加工工艺路线才会有良好的可操作性。表 1–6 中的各图是模具生产车间常用设备，查阅相关资料及设备使用说明书，说明这些设备的名称、用途和性能。

表 1–6　　模具生产车间常用设备

名称	图示	用途	性能

续表

名称	图示	用途	性能
	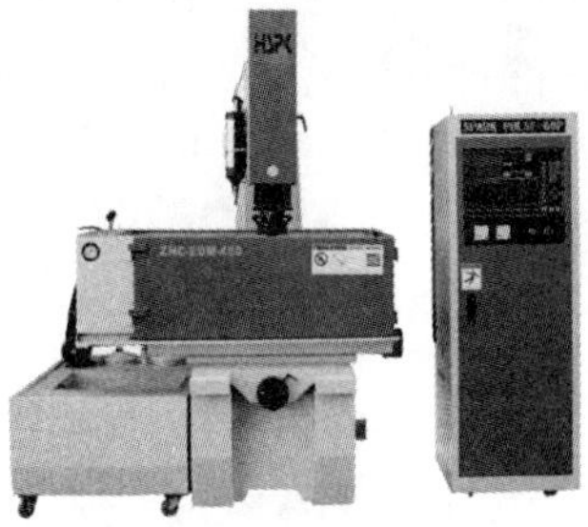		

	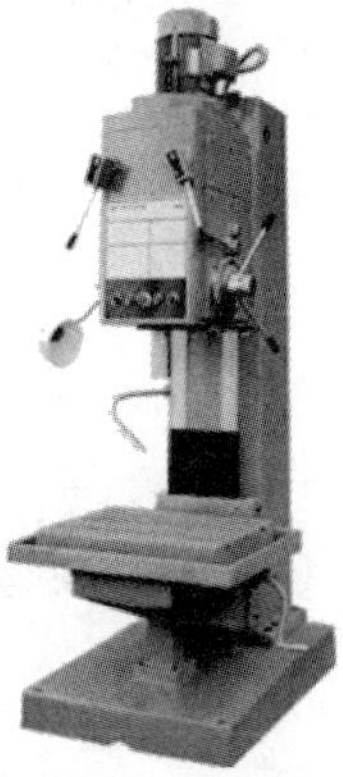		

续表

名称	图示	用途	性能

2．模具生产批量小，大部分模具都是单件生产，模具零件形状复杂，精度要求高，模具材料性能良好，加工难度大，工序复杂。在制定零件加工方案时，应采用新工艺、新方法、新材料和新设备，保证零件加工质量和效率，兼顾经济性。阅读表 1–7，学习成型零件的加工工艺路线及应用特点。

表 1–7　成型零件的加工工艺路线及应用特点

加工类型	加工工艺路线	应用特点
机械加工	下料→锻造→退火→坯料外形加工（铣削、刨削、磨削）→型面粗铣→退火去应力→型面半精铣→其他辅助表面加工→淬火＋回火→型面磨削→型面光整加工→渗氮或镀铬、镀钛等表面处理	适用于有一定尺寸精度要求和需要进行完全淬硬热处理的零件
	下料→锻造→退火→坯料外形加工（铣削、刨削、磨削）→型面粗铣→调质→型面半精铣→其他辅助表面加工→型面磨削→表面火焰淬火→型面光整加工→渗氮或镀铬、镀钛等表面处理	同上
	下料→锻造→正火→坯料外形加工（铣削、刨削、磨削）→型面粗铣→退火去应力→型面半精铣→渗碳→淬火＋回火→型面光整加工→镀铬等表面处理	适用于用低碳钢或低碳合金钢制造尺寸要求不高的且需进行表面硬化处理的成型零件
特种加工	下料→锻造→退火→坯料外形加工（铣削、刨削、磨削）→型面粗铣→退火去应力→其他辅助表面加工→淬火＋回火→型面的基准面磨削→退磁处理→电火花型面加工→型面光整加工→渗氮或镀铬、镀钛等表面处理	适用于成型零件的电火花加工
	下料→锻造→退火→坯料外形加工（铣削、刨削、磨削）→型面粗铣→退火去应力→其他辅助表面加工→淬火＋回火→型面的基准面磨削加工→型面电解加工→型面光整加工→渗氮或镀铬、镀钛等表面处理	适用于成型零件的电解（电化学）加工

续表

加工类型	加工工艺路线	应用特点
特种加工	下料→锻造→退火→坯料外形加工（铣削、刨削、磨削）→坯料预加工→型面挤压成型加工（冷挤压、热挤压、超塑成型加工等）→去应力处理→其他表面的机械加工→表面处理（渗碳、渗氮、碳氮共渗等）→光整加工→镀铬等表面处理	适用于成型零件的挤出成型加工

对照上表，根据图样技术要求和车间现有设备情况，在教师的指导下，分别制定塑料碗塑料成型模成型零件（型芯、定模板）的加工工艺路线。

（1）型芯的加工工艺路线

（2）定模板的加工工艺路线

3．塑料成型模制作的过程：接受模具制作工作任务→制定加工工艺路线→模具零件的加工与热处理→模具装配→模具检验和试模→修模→模具保养入库→交付使用。根据此过程叙述塑料碗塑料成型模的制作过程。

4．根据塑料碗塑料成型模装配图、零件图以及主要成型零件的加工工艺路线，制订以下计划。

（1）确定零件毛坯尺寸，填写塑料碗塑料成型模备料清单（表 1-8），制订材料计划。

表 1-8 塑料碗塑料成型模备料清单

序号	零件图号	零件名称	材料	数量	规格	毛坯种类	热处理

（2）制订设备使用计划。

（3）制订刀具准备计划。

（4）制订量具（样板）准备计划。

评价与分析

学习活动过程评价表

班级		姓名		学号		日期	年　月　日
序号	评价内容和描述		评价细则			配分	得分	总评
1	能制定合理的模具加工工艺路线		一处不合理扣 5 分			30		A □（86 ~ 100 分） B □（76 ~ 85 分） C □（60 ~ 75 分） D □（60 分以下）
2	能正确填写备料清单		一处不正确扣 5 分			20		
3	能正确选择加工设备		一处不正确扣 5 分			20		
4	能正确制订刀具准备计划		一处不正确扣 5 分			20		
5	能积极参与小组讨论，运用专业术语与他人交流（小组长对成员打分）		参与积极性高，合作意识好得 10 分；参与积极性一般，合作意识一般得 5 分；参与积极性差，合作意识差得 1 分			10		
小结建议								

学习活动5　工作总结、成果展示与经验交流

1. 能正确、规范撰写工作总结。
2. 能采用多种形式进行成果展示。
3. 能有效进行工作反馈与经验交流。

建议学时：1学时。

学习过程

一、展示与评价

把小组制作好的塑料碗塑料成型模制作计划先进行分组展示，再由小组推荐代表做必要的介绍。在展示的过程中，以小组为单位进行评价；评价完成后，根据其他小组成员对本小组展示成果的评价意见进行归纳总结。完成如下项目：

1．展示的产品符合技术标准吗？

符合□　　不符合□　　可返修□　　直接报废□

2．与其他小组相比，你认为本小组的产品工艺如何？

工艺优化□　　工艺合理□　　工艺一般□

3．本小组介绍成果表达是否清晰？

很好□　　一般，常补充□　　不清晰□

4．本小组演示产品检测方法操作正确吗？

正确□　　部分正确□　　不正确□

5．本小组演示操作时遵循7S管理规定了吗？

遵循了□　　部分遵循□　　完全没有遵循□

6．本小组成员的团队创新精神如何？

良好□　　一般□　　不足□

7．总结本次任务是否达到学习目标。如果没有达到学习目标，分析并写出哪部分内容没有学好，然后返回到相应处补充学习。

二、教师评价

对各小组的展示过程及制作计划进行点评，对不足的地方提出改进方法。

三、综合评价

学习任务一评价表

班级：__________ 姓名：__________ 学号：__________

项目	自我评价			组内评价			教师评价		
	10 ~ 9	8 ~ 6	5 ~ 1	10 ~ 9	8 ~ 6	5 ~ 1	10 ~ 9	8 ~ 6	5 ~ 1
	占总评 10%			占总评 30%			占总评 60%		
学习活动 1									
学习活动 2									
学习活动 3									
学习活动 4									
学习活动 5									
协作精神									
纪律观念									
表达能力									
工作态度									
小计									
总评									

任课教师：__________　　　　______年___月___日

世赛知识

世界技能大赛办赛理念

世界技能大赛是青年人展示技能的舞台，旨在促进青年技能劳动者职业能力的提升，促进世界各个国家和地区在职业技能领域的合作与交流，促进职业技能的推广。竞技不是目的，相互交流和提高才是根本。

世界技能大赛的办赛理念具体包括：推广职业教育、技工教育和职业培训；促进职业教育、技工教育和职业培训信息交流；促进成员国家和地区之间年轻技术人员及培训人员的经验交流与合作；提高社会对技术人才及职业教育、技工教育和职业培训的重视。

世界技能大赛秉承开放办赛、客观公正的宗旨。

学习任务二　塑料碗塑料成型模型芯加工

学习目标

1. 能根据零件图样加工要求制定型芯的加工工艺，完成加工工艺卡的填写。

2. 能对型芯进行调质，达到热处理要求。

3. 能根据型芯形状、尺寸要求等编制数控车床加工程序。

4. 能独立操作数控车床完成的型芯零件的加工，并解决在此过程中出现的简单报警和加工问题。

5. 能使用抛光工具和设备对型芯成型表面进行光整加工。

6. 能规范、熟练地使用游标卡尺、千分尺和百分表等量具，对型芯加工质量进行检测，分析误差产生的原因，优化加工策略。

7. 能在工作过程中严格执行企业操作规范、安全生产制度、环保管理制度以及7S管理规定，严格遵守从业人员的职业道德，具有吃苦耐劳、爱岗敬业的工作态度和职业责任感。

8. 能与班组长、工具管理员等相关人员进行有效的沟通与合作。

9. 能主动展示并汇报工作成果，对工作过程中出现的问题进行反思和总结，从而优化方案和策略，并具备知识迁移能力。

建议学时

20学时。

工作情景描述

从塑料碗制件图样分析可知，塑料碗制件的主要形状、尺寸等参数是通过注射成型完成的。在制作模具时，型芯是成型内部形状的主要零件。明确型芯的加工要求后，应通过查阅相关资料了解模具材料的切削性能和力学性能，通过小组讨论，确定零件的加工方法和加工步骤，编制零件加工工艺卡。根据零件材料及工作要求，确定热处理方案，完成零件热处理；根据零件图样要求，编制数控车床加工程序，操作数控车床加工零件；采用光整加工，使型芯表面粗糙度值达到 $Ra0.4\ \mu m$；选用正确的量具和检测方法，检测零件质量，提交合格产品。按机床维护保养要求，完成机床的维护保养工作；按工作现场管理规范打扫场地，归置物品；按环保要求处理加工废屑、废液。

零件图

型芯见图 2-1。

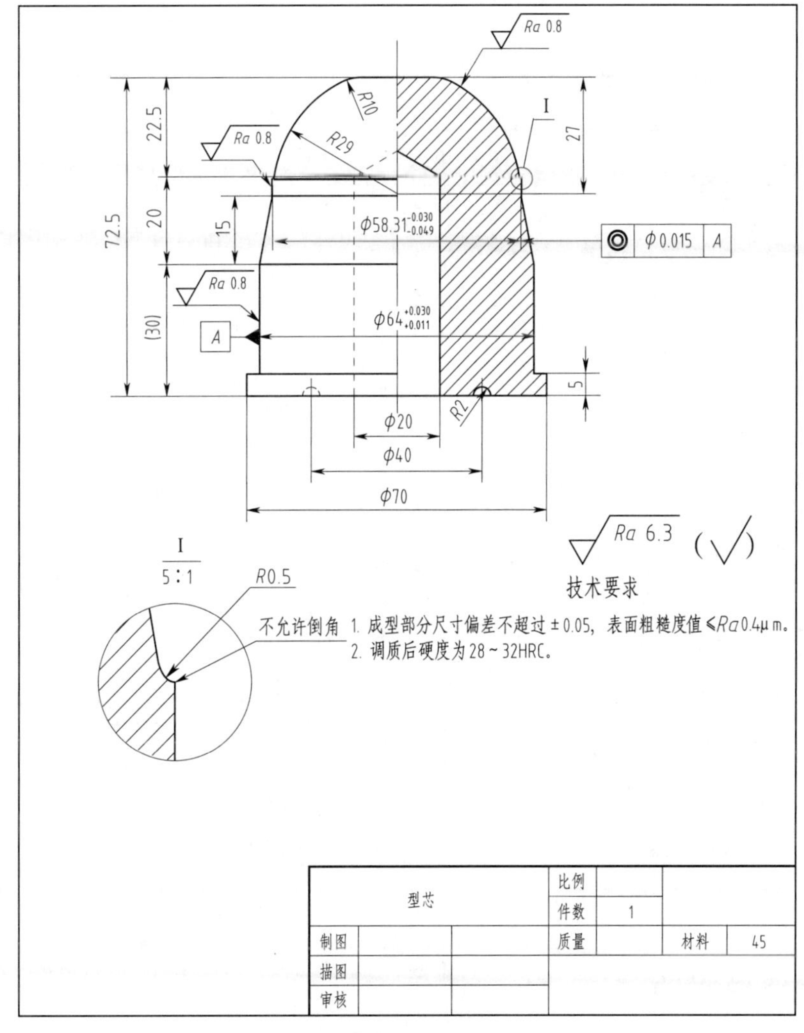

图 2-1　型芯

生产派工单（表 2–1）

表 2–1 生产派工单

单号：________ 开单部门：____________ 开单人：_______

开单时间：_______年___月___日___时___分 接单人：_____部_____小组_______（签名）

<table>
<tr><td colspan="5">以下由开单人填写</td></tr>
<tr><td>产品名称</td><td>型芯</td><td>完成工时</td><td colspan="2"></td></tr>
<tr><td>产品技术要求</td><td colspan="4">按图样加工，满足使用功能要求</td></tr>
<tr><td colspan="5">以下由接单人和确认方填写</td></tr>
<tr><td>领取材料
（含消耗品）</td><td colspan="2"></td><td rowspan="2">成本
核算</td><td rowspan="2">金额合计：
仓管员（签名）
年 月 日</td></tr>
<tr><td>领用工具</td><td colspan="2"></td></tr>
<tr><td>操作者
检测</td><td colspan="2"></td><td colspan="2">（签名）
年 月 日</td></tr>
<tr><td>班组
检测</td><td colspan="2"></td><td colspan="2">（签名）
年 月 日</td></tr>
<tr><td>质检员
检测</td><td colspan="2">□合格 □不良 □返修 □报废</td><td colspan="2">（签名）
年 月 日</td></tr>
</table>

工作流程与活动

1．接受工作任务、明确工作要求（1 学时）

2．模具型芯材料的选择（2 学时）

3．数控车床的操作与维护保养（5 学时）

4．型芯加工程序编制（5 学时）

5．型芯的数控车床加工（5 学时）

6．工作总结、成果展示与经验交流（2 学时）

学习活动 1　接受工作任务、明确工作要求

学习目标

1. 能主动接受工作任务，明确任务要求。

2. 能正确识读型芯图样。

3. 能根据型芯的技术要求和加工工艺路线，编制型芯加工工艺卡。

4. 能根据型芯加工工艺卡，制订合理的加工工作计划。

5. 能在工作中应用专业术语进行交流。

建议学时：1 学时。

学习过程

1．小组讨论，写出塑料碗塑料成型模中型芯的作用。

2．分析零件图样，在表 2–2 中写出型芯的主要加工尺寸、几何公差及表面粗糙度要求，为零件的编程加工做准备。

表 2-2　　型芯的加工要求

序号	项目	内容	偏差范围（数值）
1	主要加工尺寸		
2	几何公差		
3	表面粗糙度		

3．通过对型芯图样的分析，型芯成型部分是由多个半径不等的圆弧面构成，精度要求较高，为保证型芯加工质量，采用数控车床进行加工。在教师的指导下，根据型芯加工工艺路线（见学习任务一），编制型芯加工工艺卡（表 2-3）。

表 2-3　　型芯加工工艺卡

型芯加工工艺卡			材料	45 钢	图号			
			产品数量	1	零件名称		共　页	第　页
工序号	工序名称	工序内容	车间	工段	设备	工艺装备	工时	
							准终	单件

续表

工序号	工序名称	工序内容	车间	工段	设备	工艺装备	工时	
							准终	单件

4．根据编制的型芯加工工艺卡，制订型芯加工工作计划（表 2-4）。

表 2-4　　型芯加工工作计划

序号	开始时间	结束时间	工作内容	工作要求	备注

评价与分析

学习活动过程评价表

<table>
<tr><td>班级</td><td></td><td>姓名</td><td></td><td>学号</td><td></td><td>日期</td><td colspan="2">年 月 日</td></tr>
<tr><td>序号</td><td colspan="2">评价内容和描述</td><td colspan="3">评价细则</td><td>配分</td><td>得分</td><td>总评</td></tr>
<tr><td>1</td><td colspan="2">能说出型芯的主要加工尺寸、几何公差及表面粗糙度要求</td><td colspan="3">一处不正确扣 5 分</td><td>30</td><td></td><td rowspan="4">A □
（86 ~ 100 分）
B □
（76 ~ 85 分）
C □
（60 ~ 75 分）
D □
（60 分以下）</td></tr>
<tr><td>2</td><td colspan="2">能正确编制型芯加工工艺卡</td><td colspan="3">一处不正确扣 5 分</td><td>30</td><td></td></tr>
<tr><td>3</td><td colspan="2">能制订合理的型芯加工工作计划</td><td colspan="3">一处不合理扣 5 分</td><td>30</td><td></td></tr>
<tr><td>4</td><td colspan="2">能积极参与小组讨论，运用专业术语与他人交流（小组长对成员打分）</td><td colspan="3">参与积极性高，合作意识好得 10 分；参与积极性一般，合作意识一般得 5 分；参与积极性差，合作意识差得 1 分</td><td>10</td><td></td></tr>
<tr><td>小结
建议</td><td colspan="8"></td></tr>
</table>

学习活动 2　模具型芯材料的选择

学习目标

1. 能根据塑料制件的要求，选用模具型芯材料。
2. 能对型芯进行调质，达到热处理要求。
3. 能对热处理后的型芯进行硬度检测。

建议学时：2 学时。

学习过程

模具零件的加工是按照一定的加工工艺路线进行的，合理选择热处理工艺，对于改善零件的机械性能，保证零件的质量，延长模具的使用寿命具有重要的意义。

1．通过查阅相关资料了解常用塑料成型模材料牌号及用途，在表 2–5 中填写材料的牌号含义及特性。

表 2–5　　常用塑料成型模材料

序号	牌号	用途	牌号含义	特性
1	20	生产形状简单，挤压成型的模具		
2	40Cr	广泛使用的模具材料		
3	3Cr2NiMo	适于制造大型、复杂、精密塑料模		
4	3Cr2Mo3	适于制造型腔形状复杂的注射模和压缩模		
5	2Cr13	适于制造具有一定抗腐蚀性能要求的模具		
6	4Cr13	适于制造具有一定强度、抗腐蚀和较大截面的模具		

2．日常生活中，使用的塑料制件很多，例如塑料桶、塑料盆等日用品，汽车仪表盘、汽车灯罩壳、汽车保险杠等工业制件，以及一些塑料齿轮等承受载荷的工业零件，它们都是采用注射成型工艺加工的制件。查阅相关资料，根据表 2–6 中塑料制件的特性，选择型芯材料。

表 2-6　　型芯材料的选择

序号	塑料制件的特性	型芯材料的选择
1	透明塑料制件	
2	成型外观质量要求高，且要大批量生产的制件	
3	成型外观质量要求一般的制件	
4	含氟、氯等有腐蚀性的塑料制件	
5	有较强的摩擦和冲击性的塑料制件	

3．塑料成型模结构比较复杂，组成一套模具的零件数量较多，所处的工作环境和作用不同，对材料要求也不同。因此，选材是否适当，对模具寿命、工艺性、精度等影响很大。查阅资料，说明应怎样选择塑料成型模成型零件的材料。

4．型芯的材料采用的是 45 钢。小组讨论，有哪些钢材可以替代 45 钢作为型芯材料？并给出理由。

5．什么是调质？对型芯 45 钢材料进行调质的目的是什么？

6．查阅热处理手册，写出对型芯进行调质的操作步骤。

7．要求 45 钢调质后的硬度为 28 ～ 32HRC，应怎样对其硬度进行检测？写出检测方法和步骤。

评价与分析

学习活动过程评价表

班级		姓名		学号		日期	年　月　日	
序号	评价内容和描述		评价细则			配分	得分	总评
1	能正确选择模具型芯材料		不正确不得分			15		A □（86 ~ 100 分）
2	能合理选择模具材料的热处理工艺		一处不合理扣 5 分			15		
3	能正确地对型芯进行调质，达到热处理要求		达不到要求不得分			30		B □（76 ~ 85 分）

续表

序号	评价内容和描述	评价细则	配分	得分	总评
4	能正确地对热处理后的型芯进行硬度检测	一处不正确扣 5 分	30		C □（60 ~ 75 分）
5	能积极参与小组讨论，运用专业术语与他人交流（小组长对成员打分）	参与积极性高，合作意识好得 10 分；参与积极性一般，合作意识一般得 5 分；参与积极性差，合作意识差得 1 分	10		D □（60 分以下）
小结建议					

学习活动 3　数控车床的操作与维护保养

学习目标

1. 能说出数控车床的组成和工作原理。
2. 能按安全规程规范操作数控车床。
3. 能对数控车床进行维护保养。
4. 能在工作现场执行 7S 管理规定。

建议学时：5 学时。

学习过程

1．数控车床即用计算机数字控制的车床，它是通过将编好的加工程序输入到数控系统中，由数控系统通过车床横向和纵向坐标轴的伺服电动机去控制车床进给运动部件的动作顺序、移动量和进给速度，再配以主轴的旋转，加工出各种形状不同的轴类或盘类回转体零件。

数控车床可以加工普通车床难以加工的零件，提高加工效率，保证零件的加工精度。查阅数控车床相关资料，回答下列问题。

（1）结合图 2–2，查阅相关资料，简述数控车床的工作原理。

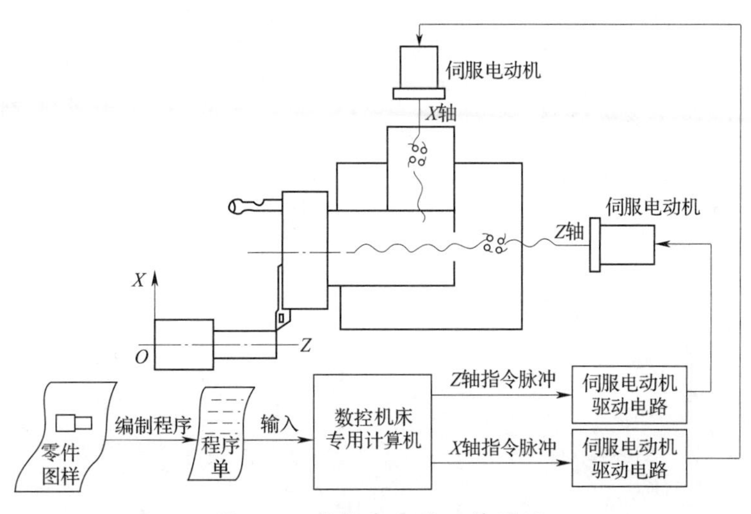

图 2–2　数控车床的工作原理

（2）在图 2–3 中找出数控车床的型号并说明型号的含义。

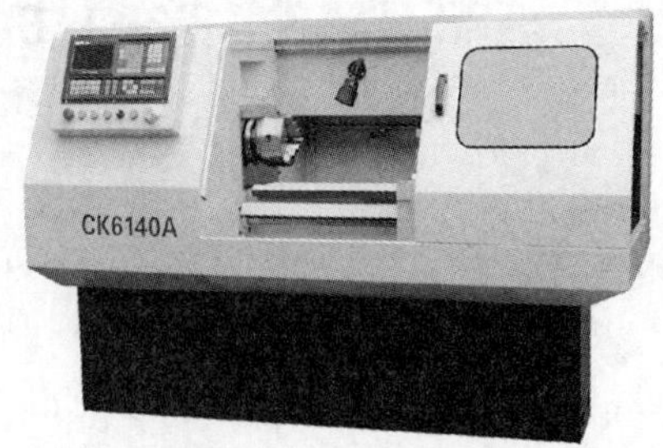

图 2–3 数控车床

（3）写出图 2–3 所示数控车床的主要技术参数。

1）最大车削直径

2）最大工件高度

3）电动机功率

4）主轴转速范围

5）主轴内孔直径

6）X 轴进给速度范围

7）Z 轴进给速度范围

8）X 轴行程

9）Z 轴行程

（4）写出数控车床各主要组成部分的名称及其功能。

（5）图 2–4 所示为数控车床加工的零件，仔细观察零件的形状特征，列出数控车床可加工出的零件类型。

图 2–4　数控车床加工的零件

2．为保证数控车床的设备安全，操作者必须按照数控车床的安全操作规程操作机床。查阅相关资料，写出数控车床的安全操作规程。

3．结合表 2–7 的图示，写出数控车床开机、关机操作步骤。

表 2–7　　数控车床开机、关机操作步骤

图示	操作步骤
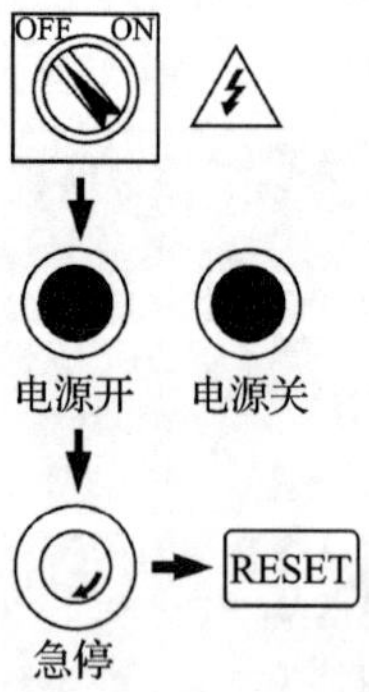 OFF ON 电源开　电源关 急停　RESET	开机操作步骤：
	关机操作步骤：

4．图 2–5 所示为 FANUC 0i 型数控系统操作面板。

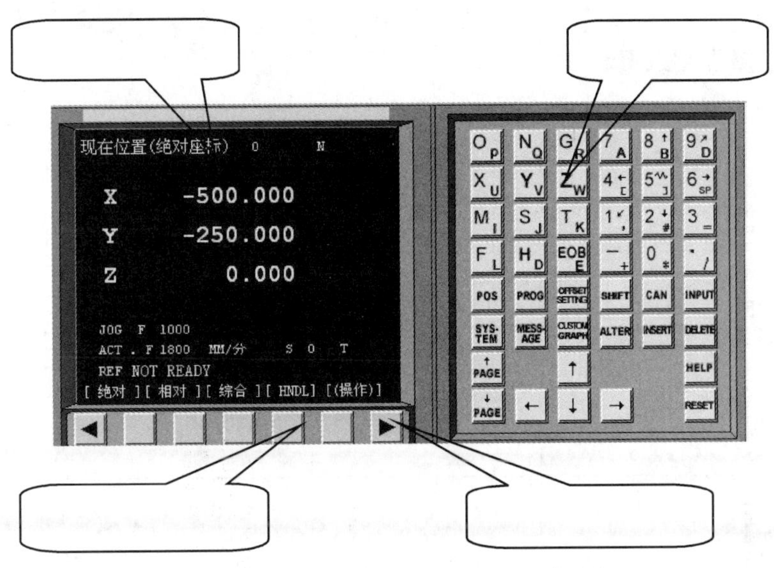

图 2–5　FANUC 0i 型数控系统操作面板

（1）仔细阅读编程与操作说明书，说明 FANUC 0i 型数控系统操作面板由哪几部分组成，并填在图中。本校所用数控系统的操作面板是否也由这几部分组成？有哪些区别？

（2）查阅编程与操作说明书，掌握 FANUC 0i 型数控系统操作面板上各功能键的名称及功能，并填在表 2–8 中。

表 2–8　　FANUC 0i 型数控系统操作面板上各功能键的名称及功能

功能键图标	名称	功能
O P　N Q　G R　7 A　8 B　9 D X U　Y V　Z W　4 [　5]　6 SP M I　S J　T K　1 ,　2 #　3 = F L　H D　EOB E　- +　0 *　. /		
RESET		
HELP		

续表

功能键图标	名称	功能
[绝对][相对][综合][HNDL] [(操作)] ◀ ▶		
SHIFT		
INPUT		
CAN		
ALTER		
INSERT		
DELETE		
POS		
PROG		
OFFSET SETTING		
CUSTOM GRAPH		
MESS-AGE		
SYS-TEM		
↑ ← ↓ →		

续表

功能键图标	名称	功能
↓ PAGE　↑ PAGE		
EOB E		

（3）说明 FANUC 0i 型数控车床操作面板（图 2–6）上各功能键的名称及功能，并填在表 2–9 中。

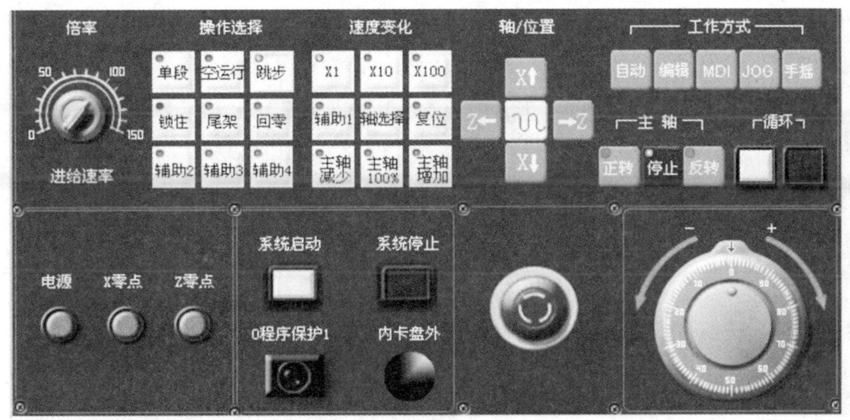

图 2–6　FANUC 0i 型数控车床操作面板

表 2–9　　FANUC 0i 型数控车床操作面板上各功能键的名称及功能

功能键图标	名称	功能
单段		
空运行		
跳步		
锁住		
回零		
倍率 进给速率		

续表

功能键图标	名称	功能
自动		
编辑		
MDI		
JOG		
手摇		
X↑ Z← →Z X↓		
0程序保护1		
系统启动 系统停止		

5．数控车床开机后要进行回零操作（也称回参考点），查阅相关资料，回答以下问题：

（1）回零操作的目的是什么?

（2）结合图 2–7，写出回零操作步骤。

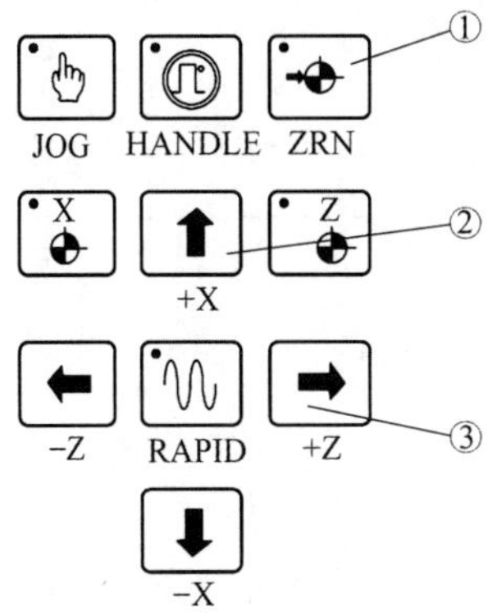

图 2–7　回零操作步骤图示

6．查阅资料，简述数控车床的维护保养内容。

评价与分析

学习活动过程评价表

<table>
<tr><td>班级</td><td></td><td>姓名</td><td></td><td>学号</td><td></td><td>日期</td><td colspan="2">年　月　日</td></tr>
<tr><td>序号</td><td colspan="2">评价内容和描述</td><td colspan="3">评价细则</td><td>配分</td><td>得分</td><td>总评</td></tr>
<tr><td>1</td><td colspan="2">能说出数控车床的工作原理</td><td colspan="3">一处不完整或不准确扣 1 分</td><td>5</td><td></td><td rowspan="10">A □
（86 ~ 100 分）
B □
（76 ~ 85 分）
C □
（60 ~ 75 分）
D □
（60 分以下）</td></tr>
<tr><td>2</td><td colspan="2">能说出数控车床型号的含义</td><td colspan="3">一处不完整或不准确扣 2 分</td><td>10</td><td></td></tr>
<tr><td>3</td><td colspan="2">能说出数控车床各主要组成部分的名称及其功能</td><td colspan="3">一处不完整或不准确扣 2 分</td><td>10</td><td></td></tr>
<tr><td>4</td><td colspan="2">能说出数控车床的安全操作规程</td><td colspan="3">一处不完整或不准确扣 2 分</td><td>10</td><td></td></tr>
<tr><td>5</td><td colspan="2">能正确地对数控车床进行开机、关机操作</td><td colspan="3">一处不正确扣 2 分</td><td>10</td><td></td></tr>
<tr><td>6</td><td colspan="2">能说出 FANUC 0i 型数控车床操作面板上各键的名称及功能</td><td colspan="3">一处不正确扣 1 分</td><td>20</td><td></td></tr>
<tr><td>7</td><td colspan="2">能正确地对数控车床进行回零操作</td><td colspan="3">一处不正确扣 2 分</td><td>10</td><td></td></tr>
<tr><td>8</td><td colspan="2">能说出数控车床维护与保养的内容</td><td colspan="3">一处不完整或不准确扣 2 分</td><td>10</td><td></td></tr>
<tr><td>9</td><td colspan="2">能在工作现场执行 7S 管理规定</td><td colspan="3">能够执行 7S 管理规定中的 5 ~ 6 条得 5 分，能够执行 7S 管理规定中的 3 ~ 4 条得 3 分，能够执行 7S 管理规定中的 1 ~ 2 条得 1 分</td><td>5</td><td></td></tr>
<tr><td>10</td><td colspan="2">能积极参与小组讨论，运用专业术语与他人交流（小组长对成员打分）</td><td colspan="3">参与积极性高，合作意识好得 10 分；参与积极性一般，合作意识一般得 5 分；参与积极性差，合作意识差得 1 分</td><td>10</td><td></td></tr>
<tr><td>小结
建议</td><td colspan="8"></td></tr>
</table>

学习活动 4　型芯加工程序编制

学习目标

1. 能正确建立数控车床的机床坐标系。
2. 能正确选择车刀。
3. 能根据型芯加工要求选择合适的加工参数。
4. 能根据型芯形状，尺寸要求等编制数控车床加工程序。

建议学时：5 学时。

学习过程

1．为了使加工过程中机床的运动方向和距离与程序的编程方向和距离相统一，在编程前我们需要了解机床坐标系、工件坐标系和机床参考点。

（1）机床坐标系

1）机床坐标系是一个右手笛卡儿坐标系（图 2–8）。指出图 2–8 中所示三根手指对应坐标轴的方向分别是什么。

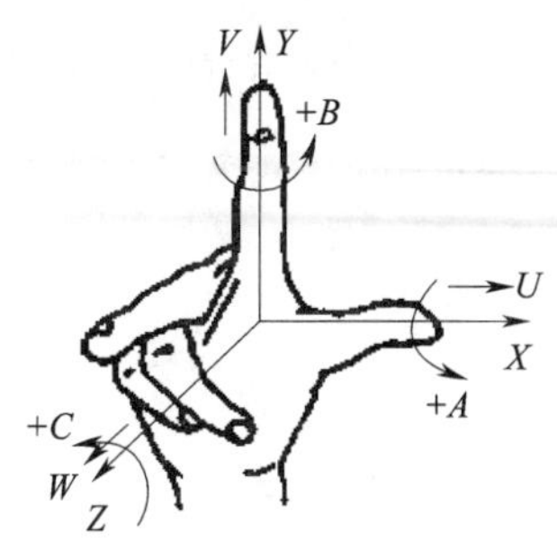

图 2–8　右手笛卡儿坐标系

2）绘制图 2–9 所示数控车床的机床坐标系。

图 2–9　数控车床

（2）工件坐标系

工件坐标系是编程人员在编程时使用的，由编程人员选择工件上的某一个已知点为原点建立的一个坐标系，也称编程坐标系。确定工件坐标系时不必考虑毛坯在机床上的实际装夹位置。但是工件坐标系各轴的方向应该与所使用的数控机床相应的坐标轴方向一致。查阅相关资料，说明选择工件坐标系时一般应遵循的原则。

（3）机床参考点

机床参考点是用于对机床运动进行检测和控制的固定位置点。查阅相关资料，说明为什么要设置机床参考点，以及一般机床参考点应设置在什么位置。

2．图 2–10 所示为数控车床的坐标各原点及其相互关系，查阅资料，解释 M、W 和 R 的含义。

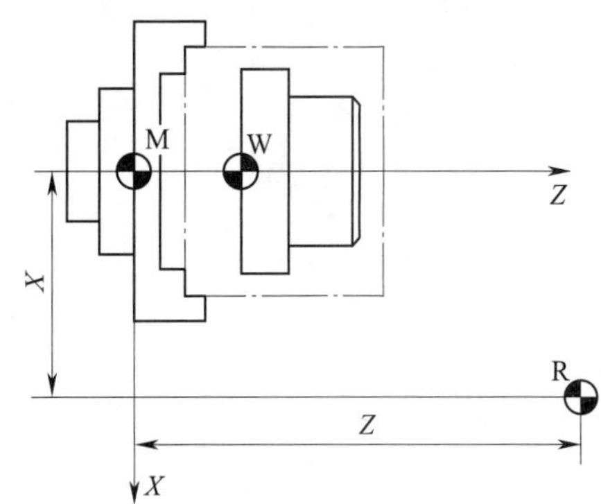

图 2–10　数控车床的坐标各原点及其相互关系

3．数控车床加工零件时，车刀按一定运动轨迹运动，运动轨迹由许多坐标点组成，这些坐标值可以用绝对坐标系和增量坐标系表达。

（1）找出图 2–11 中绝对坐标和增量坐标的区别。

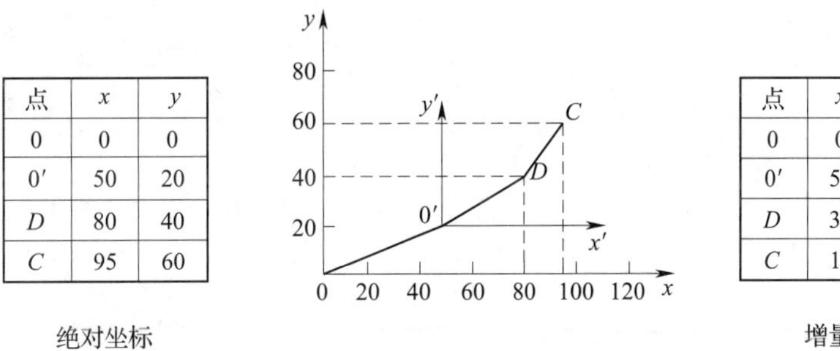

点	x	y
0	0	0
0′	50	20
D	80	40
C	95	60

绝对坐标

点	x	y
0	0	0
0′	50	20
D	30	20
C	15	20

增量坐标

图 2–11　绝对坐标和增量坐标

（2）在数控编程中绝对坐标系与增量坐标系可单独使用，也可在程序中交叉使用，使用原则主要是看何种方式编程更方便。查阅资料，说出在程序段中用什么指令来设定绝对坐标系与增量坐标系。

4．数控车床刚度好、精度高，可一次装夹完成工件的粗加工、半精加工和精加工，所以数控车床一般选用硬质合金可转位车刀。查阅相关资料，回答以下问题。

（1）粗加工对车刀的要求是什么？

（2）精加工对车刀的要求是什么？

（3）可转位刀片的紧固方式有哪些？

（4）可转位刀片外形的选择和哪些因素有关？

5．刀片形状的选择与加工对象、刀具的主偏角、刀尖角和有效刃数等有关。外圆车削常用图 2–12 所示的哪种刀片形状？仿形加工常用图 2–12 所示的哪种刀片形状？

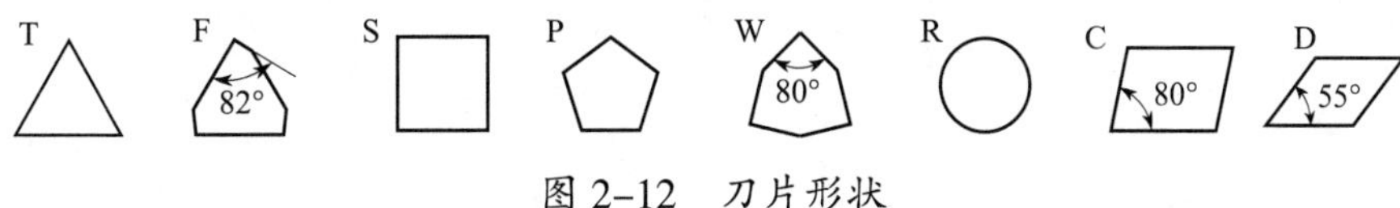

图 2–12　刀片形状

6．小组讨论，分析图 2–13 所示车圆弧的走刀路线。

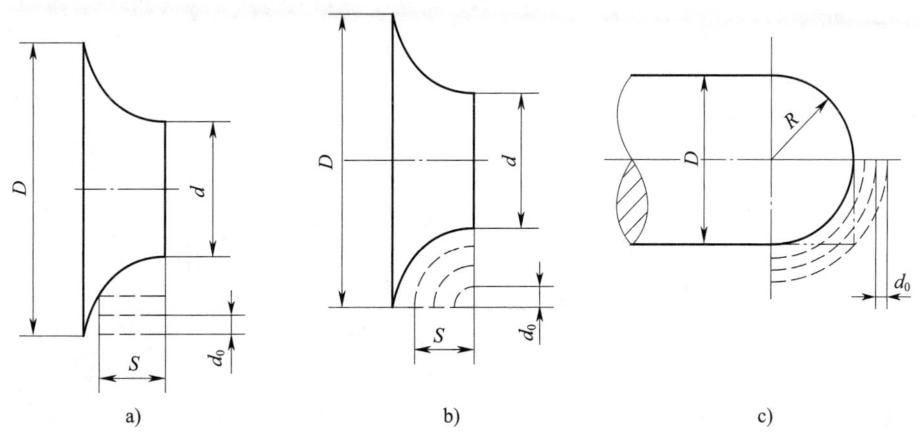

图 2–13　车圆弧的走刀路线

7．在数控机床中，数控系统功能有准备功能、辅助功能、主轴转速功能、进给功能和刀具功能。试写出这些功能代码。（以 FANUC 0i 为例，也可根据本校设备情况选择系统）

8．结合图 2-14 解释程序中出现代码的含义。

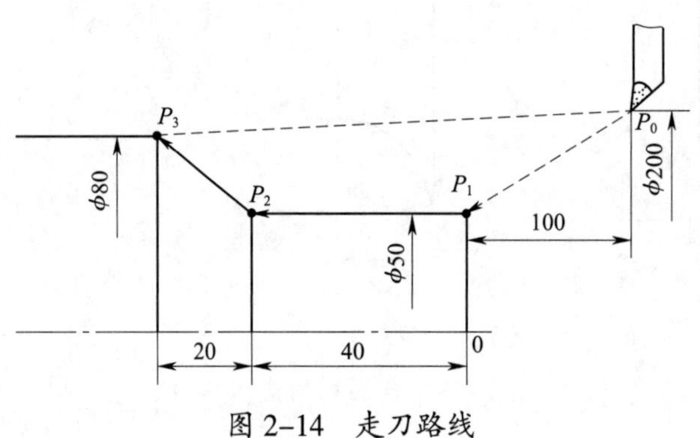

图 2-14 走刀路线

…

N10 G00 X50.0 Z2.0 S800 M03； （P_0—P_1）

N20 G01 Z-40.0 F0.3； （P_1—P_2）

N30 X80.0 Z-60.0； （P_2—P_3）

N40 G00 X200.0 Z100.0； （P_3—P_0）

…

9．查阅相关资料，写出常用的基本指令及其含义。

10．编制型芯数控车床加工程序。

（1）确定加工型芯的数控车床和数控系统。

（2）型芯加工基准应如何选取?

（3）怎样对型芯进行装夹和校正?

（4）型芯加工主要是外成型面的加工，选择刀具时应考虑哪些因素？合理选择车刀型号与规格。

（5）选择车削外成型面走刀路线时应注意哪些问题?

（6）车刀的起刀点和换刀点应如何选择？绘制型芯走刀路线图。

（7）数控车床选择切削用量应考虑哪些问题？确定车削型芯表面的切削用量。

（8）填写型芯数控加工工序卡（表 2–10）。

表 2–10　　　　型芯数控加工工序卡

<table>
<tr><td rowspan="2">单位名称</td><td rowspan="2"></td><td>产品名称</td><td colspan="2">零件名称</td><td colspan="2">零件图号</td></tr>
<tr><td></td><td colspan="2"></td><td colspan="2"></td></tr>
<tr><td>工序</td><td>程序编号</td><td>夹具名称</td><td colspan="2">设备</td><td colspan="2">车间</td></tr>
<tr><td></td><td></td><td></td><td></td><td></td><td colspan="2"></td></tr>
<tr><td>工步</td><td>工步内容</td><td>刀具规格 / mm</td><td>主轴转速 /（r/min）</td><td>进给速度 /（mm/min）</td><td>背吃刀量 / mm</td><td>备注</td></tr>
<tr><td></td><td></td><td></td><td></td><td></td><td></td><td></td></tr>
<tr><td></td><td></td><td></td><td></td><td></td><td></td><td></td></tr>
<tr><td></td><td></td><td></td><td></td><td></td><td></td><td></td></tr>
<tr><td></td><td></td><td></td><td></td><td></td><td></td><td></td></tr>
<tr><td></td><td></td><td></td><td></td><td></td><td></td><td></td></tr>
<tr><td></td><td></td><td></td><td></td><td></td><td></td><td></td></tr>
<tr><td></td><td></td><td></td><td></td><td></td><td></td><td></td></tr>
<tr><td></td><td></td><td></td><td></td><td></td><td></td><td></td></tr>
<tr><td></td><td></td><td></td><td></td><td></td><td></td><td></td></tr>
<tr><td></td><td></td><td></td><td></td><td></td><td></td><td></td></tr>
</table>

（9）写出型芯数控车床加工程序。

评价与分析

学习活动过程评价表

班级		姓名		学号		日期	年　月　日	
序号	评价内容和描述		评价细则			配分	得分	总评
1	能正确建立数控车床的机床坐标系		不正确不得分			15		A □（86 ~ 100 分）
2	能正确选择车刀		不正确不得分			15		
3	能选择合适的加工参数		一处不合适扣 4 分			20		B □（76 ~ 85 分）
4	能正确编制数控车床加工程序		一处不完整或不准确扣 3 分			30		
5	能在工作现场执行 7S 管理规定		能够执行 7S 管理规定中的 5 ~ 6 条得 10 分，能够执行 7S 管理规定中的 3 ~ 4 条得 5 分，能够执行 7S 管理规定中的 1 ~ 2 条得 1 分			10		C □（60 ~ 75 分）
6	能积极参与小组讨论，运用专业术语与他人交流（小组长对成员打分）		参与积极性高，合作意识好得 10 分；参与积极性一般，合作意识一般得 5 分；参与积极性差，合作意识差得 1 分			10		D □（60 分以下）
小结建议								

学习活动 5　型芯的数控车床加工

学习目标

1. 能独立操作数控车床完成型芯零件的加工，并解决在此过程中出现的简单报警和加工问题。

2. 能根据型芯形状、尺寸要求等对零件进行正确装夹和找正。

3. 能使用抛光工具和设备对型芯成型表面进行光整加工。

4. 能检测型芯加工质量，分析误差产生的原因，优化加工策略。

5. 能在工作现场执行 7S 管理规定。

建议学时：5 学时。

学习过程

1．在数控车床上加工零件，应按工序集中的原则划分工序，在一次装夹下尽可能完成大部分或全部表面的加工。小组讨论装夹零件时应注意什么，选用夹具时应考虑哪些因素。

2．将工件和刀具安装好后为什么要进行对刀操作?

3．图 2–15 所示是用试车对刀法对刀，设定工件坐标系的坐标原点位于工件右端面的中心处。结合图和机床完成下列操作步骤。

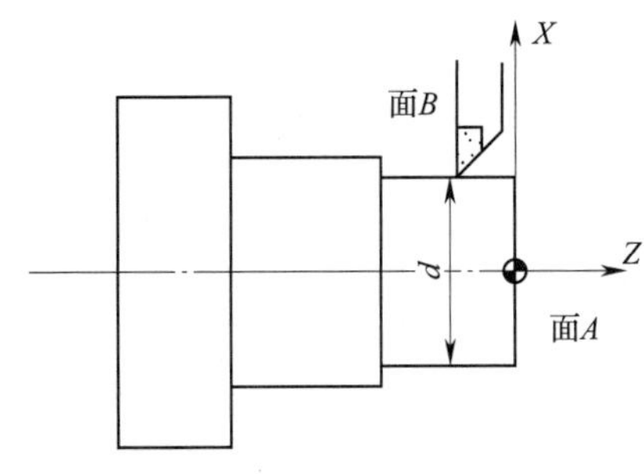

图 2–15　用试车对刀法对刀

（1）对 Z 轴

在表 2–11 中填写对 Z 轴的操作内容。

表 2–11　对 Z 轴的步骤

序号	操作步骤	操作内容
1	试切工件	
2	沿 X 方向退离工件	
3	设置 Z 方向刀具补偿值	

（2）对 X 轴

在表 2–12 中填写对 X 轴的操作内容。

表 2–12　对 X 轴的步骤

序号	操作步骤	操作内容
1	试切工件	
2	沿 Z 方向退离工件	
3	设置 X 方向刀具补偿值	

4．在数控车床加工成型面和圆锥面时通常需要设置刀具半径补偿，主要参数有刀尖半径和方向，查阅相关资料，写出应如何设置。

5．在对刀过程中，会存在一定的对刀误差，在加工前，试车发现工件尺寸不符合要求时，可根据工件的实测尺寸进行刀具补偿值的修改。结合实际，写出修改步骤。

6．在机床操作面板上，熟悉补正界面，写出对刀参数形状补正的步骤。

7．在数控车床中有一功能为图形模拟加工，利用图形模拟加工可以在 CRT 屏幕上显示出刀具移动轨迹。首先将需要模拟加工的数控程序调出，然后进行图形模拟加工。结合实际，在表 2–13 中写出模拟加工操作内容。

表 2–13　　模拟加工操作步骤及操作内容

序号	操作步骤	操作内容
1	程序复位	
2	调出图形界面	

续表

序号	操作步骤	操作内容
3	设置图形参数	
4	图形模拟加工	

8．对零件进行精加工时，精加工余量应如何确定？

9．在机床上输入程序，验证后加工型芯。详细记录加工中出现的问题及解决方法。

10．型芯成型部分表面粗糙度值要求不大于 $Ra0.4\ \mu m$，数控车床加工表面精度是否能达到要求？如果未达到表面精度要求，应进行光整加工。

（1）什么是光整加工？光整加工的目的是什么？

（2）常用的光整加工方法有哪些？各自有什么特点？

（3）简述型芯成型部分光整加工的方法和步骤。

11．型芯加工质量检测项目有哪些？把相应的技术要求、检测方法及检测结果填入表 2–14。

表 2–14　　型芯加工质量检测

序号	检测项目	技术要求	检测方法	检测结果

续表

序号	检测项目	技术要求	检测方法	检测结果

评价与分析

学习活动过程评价表

班级		姓名		学号		日期	年　月　日	
序号	评价内容和描述		评价细则			配分	得分	总评
1	能对零件进行正确的装夹和找正		不正确不得分			10		A □（86 ~ 100 分） B □（76 ~ 85 分） C □（60 ~ 75 分） D □（60 分以下）
2	能规范完成图形模拟加工		不能规范完成不得分			10		
3	能规范操作数控车床完成型芯零件加工		不能规范完成不得分			30		
4	能使用抛光工具规范完成型芯的光整加工		不能规范完成不得分			15		
5	能正确检测型芯的加工质量		一处不正确扣 2 分			20		
6	能在工作现场执行 7S 管理规定		能够执行 7S 管理规定中的 5 ~ 6 条得 5 分，能够执行 7S 管理规定中的 3 ~ 4 条得 3 分，能够执行 7S 管理规定中的 1 ~ 2 条得 1 分			5		
7	能积极参与小组讨论，运用专业术语与他人交流（小组长对成员打分）		参与积极性高，合作意识好得 10 分；参与积极性一般，合作意识一般得 5 分；参与积极性差，合作意识差得 1 分			10		
小结建议								

学习活动 6　工作总结、成果展示与经验交流

学习目标

1. 能正确、规范撰写工作总结。
2. 能采用多种形式进行成果展示。
3. 能有效进行工作反馈与经验交流。

建议学时：2 学时。

学习过程

一、展示与评价

把小组制作好的塑料碗塑料成型模的型芯先进行分组展示，再由小组推荐代表做必要的介绍。在展示的过程中，以小组为单位进行评价；评价完成后，根据其他小组成员对本小组展示成果的评价意见进行归纳总结。完成如下项目：

1．展示的产品符合技术标准吗?

符合□　　不符合□　　可返修□　　直接报废□

2．与其他小组相比，你认为本小组的产品工艺如何?

工艺优化□　　工艺合理□　　工艺一般□

3．本小组介绍成果表达是否清晰?

很好□　　一般，常补充□　　不清晰□

4．本小组演示产品检测方法操作正确吗?

正确□　　部分正确□　　不正确□

5．本小组演示操作时遵循 7S 管理规定了吗?

遵循了□　　部分遵循□　　完全没有遵循□

6．本小组成员的团队创新精神如何?

良好□　　一般□　　不足□

7．总结本次任务是否达到学习目标。如果没有达到学习目标，分析并写出哪部分内容没有学好，然后返回到相应处补充学习。

二、教师评价

对各小组的展示过程及型芯零件加工质量进行点评，对不足的地方提出改进方法。

三、综合评价

学习任务二评价表

班级：__________ 姓名：__________ 学号：__________

项目	自我评价			小组评价			教师评价		
	10 ~ 9	8 ~ 6	5 ~ 1	10 ~ 9	8 ~ 6	5 ~ 1	10 ~ 9	8 ~ 6	5 ~ 1
	占总评 10%			占总评 30%			占总评 60%		
学习活动 1									
学习活动 2									
学习活动 3									
学习活动 4									
学习活动 5									
学习活动 6									
协作精神									
纪律观念									
表达能力									
工作态度									
小计									
总评									

任课教师：__________ ______年___月___日

世赛知识

中国参赛历程

虽然中国参加世界技能大赛起步比较晚，但在世界技能大赛中国组委会的有效组织和协调下，中国代表团五次征战，次次有突破，累计获得 36 枚金牌、29 枚银牌、20 枚铜牌和 58 个优胜奖，以令人震撼的成绩向世界充分展现了“中国制造”的力量。

世界技能大赛为中国的技能交流打开了世界之窗，推动中国在技能教育、技能培训、技能研究和技能交流等方面的全面发展。

对于许多获奖选手来说，世界技能大赛将他们送上了“人生之巅”，他们中有出身贫寒的农家子弟，有从洗头妹做起的理发师，有的曾是沉迷游戏的“顽皮少年”，而学习技能、参加竞赛、获得奖牌后的他们，有的进入学校当了教师，有的被评为教授或副教授，有的享受国务院政府特殊津贴，有的到海外留学攻读博士学位，有的已经成长为企业的业务骨干，还有的创业当了企业家……

学习任务三　塑料碗塑料成型模型腔加工

学习目标

1. 能根据型腔的技术要求和加工工艺路线，编制定模板（型腔）加工工艺卡。

2. 能正确编制型腔和定模板镶件的数控车床加工程序。

3. 能独立操作数控车床完成型腔和定模板镶件的加工，并解决在此过程中出现的简单报警和加工问题。

4. 能规范、熟练地使用游标卡尺、千分尺和百分表等量具对型腔和定模板镶件的加工质量进行检测，分析误差产生的原因，优化加工策略。

5. 能使用抛光工具和设备对型腔成型表面进行光整加工。

6. 能在工作过程中严格执行企业操作规范、安全生产制度、环保管理制度以及7S管理规定，严格遵守从业人员的职业道德，具有吃苦耐劳、爱岗敬业的工作态度和职业责任感。

7. 能与班组长、工具管理员等相关人员进行有效的沟通与合作。

8. 能主动展示并汇报工作成果，对工作过程中出现的问题进行反思和总结，从而优化方案和策略，并具备知识迁移能力。

建议学时

20学时。

工作情景描述

在制作塑料碗塑料成型模时，型腔是成型外部形状的主要零件。明确型腔的加工要求后，应通过查阅相关资料了解模具材料的切削性能和力学性能，通过小组讨论，确定零件的加工方法和加工步骤，编制零件加工工艺卡。根据零件图样要求，编制数控车床加工程序，操作数控车床加工零件；采用光整加工，使型腔表面粗糙度值达到 *Ra*0.4 μm；选用正确的量具和检测方法，检测零件质量，提交合格产品。按机床维护与保养要求，完成机床的维护保养工作；按工作现场管理规范打扫场地，归置物品；按环保要求处理加工废屑、废液。

零件图

定模板（型腔）如图 3-1 所示，定模板镶件如图 3-2 所示。

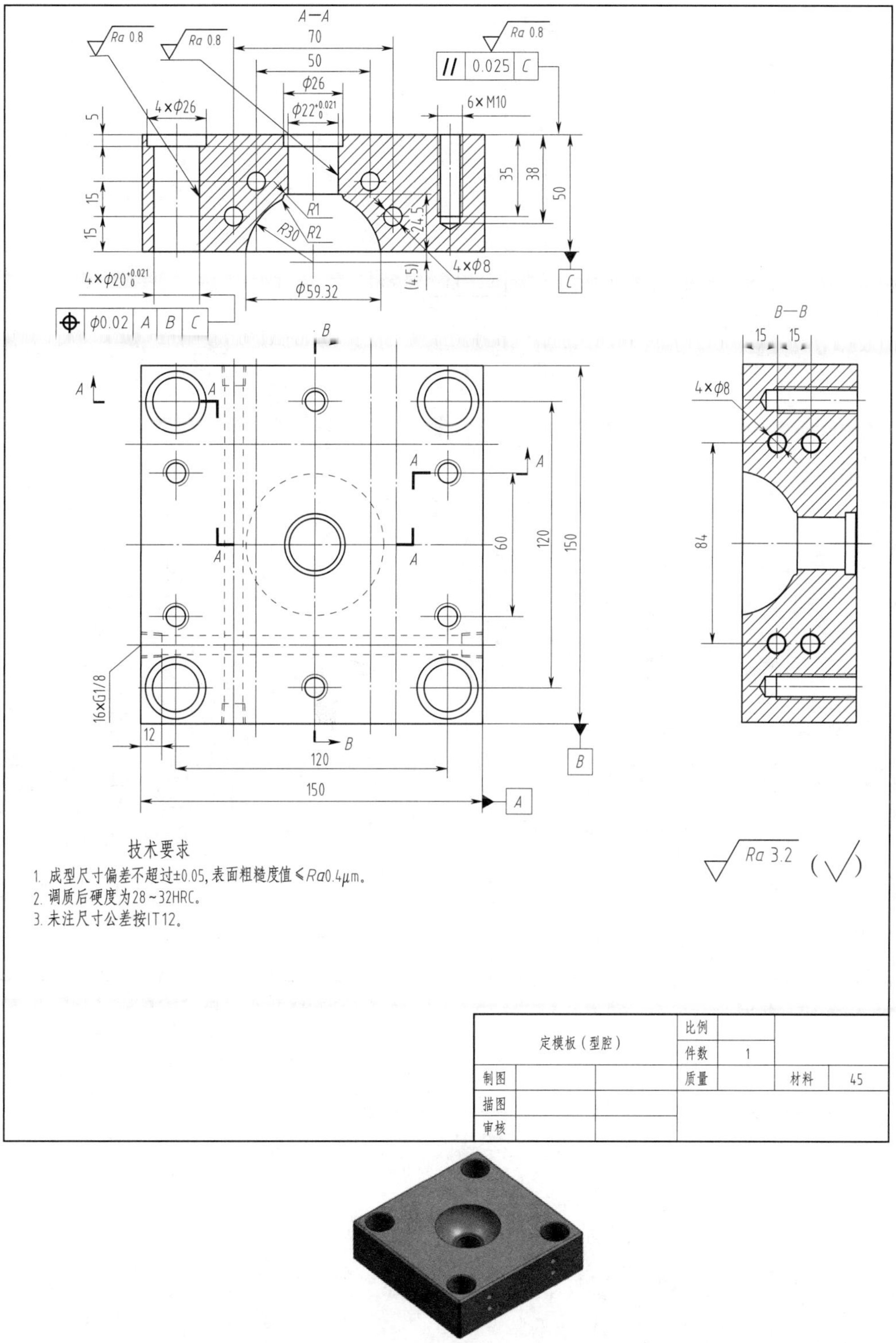

技术要求

1. 成型尺寸偏差不超过±0.05，表面粗糙度值≤Ra0.4μm。
2. 调质后硬度为28～32HRC。
3. 未注尺寸公差按IT12。

$\sqrt{Ra\ 3.2}$ ($\sqrt{}$)

定模板（型腔）		比例			
		件数	1		
制图		质量		材料	45
描图					
审核					

图 3-1　定模板（型腔）

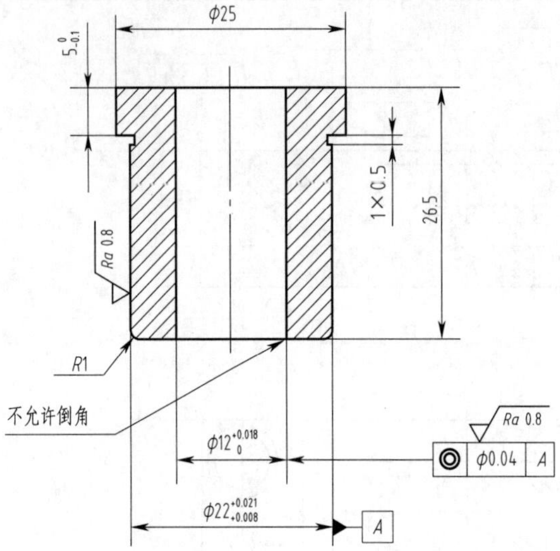

φ25

$5^{0}_{-0.1}$

1×C0.5

26.5

Ra 0.8

R1

不允许倒角

$\phi12^{+0.018}_{0}$

Ra 0.8

◎ | φ0.04 | A

$\phi22^{+0.021}_{+0.008}$

A

技术要求

1. 成型面的表面粗糙度Ra0.4~0.2μm。
2. 调质后硬度为28~32HRC。
3. 未注尺寸公差按IT12。

Ra 6.3 (√)

定模板镶件		比例			
		件数	1		
制图			质量		材料	45
描图					
审核					

图 3-2 定模板镶件

生产派工单（表 3–1）

表 3–1　　　　　　　　　　　　　生产派工单

单号：________　开单部门：______________　开单人：_______

开单时间：_______年___月___日___时___分　接单人：_____部_____小组______（签名）

<table>
<tr><td colspan="4">以下由开单人填写</td></tr>
<tr><td>产品名称</td><td>定模板（型腔）</td><td>完成工时</td><td></td></tr>
<tr><td>产品技术要求</td><td colspan="3">按图样加工，满足使用功能要求</td></tr>
<tr><td colspan="4">以下由接单人和确认方填写</td></tr>
<tr><td>领取材料
（含消耗品）</td><td></td><td rowspan="2">成本
核算</td><td rowspan="2">金额合计：
仓管员（签名）
年　月　日</td></tr>
<tr><td>领用工具</td><td></td></tr>
<tr><td>操作者
检测</td><td></td><td colspan="2">（签名）
年　月　日</td></tr>
<tr><td>班组
检测</td><td></td><td colspan="2">（签名）
年　月　日</td></tr>
<tr><td>质检员
检测</td><td>□合格　□不良　□返修　□报废</td><td colspan="2">（签名）
年　月　日</td></tr>
</table>

工作流程与活动

1．接受工作任务、明确工作要求（2 学时）

2．型腔的数控车床加工（16 学时）

3．工作总结、成果展示与经验交流（2 学时）

学习活动 1　接受工作任务、明确工作要求

1. 能主动接受工作任务，明确任务要求。
2. 能明确塑料碗塑料成型模中定模板（型腔）的作用。
3. 能识读并分析定模板（型腔）图样。
4. 能根据定模板（型腔）的技术要求和加工工艺路线，编制定模板（型腔）加工工艺卡。
5. 根据定模板（型腔）加工工艺，制订合理的工作计划。
6. 能在工作中应用专业术语进行交流。

建议学时：2 学时。

1．小组讨论塑料碗塑料成型模中定模板（型腔）的作用。

2．分析零件图样，在表 3–2 中写出定模板（型腔）的主要加工尺寸、几何公差及表面粗糙度要求，为零件的编程加工做准备。

表 3-2　　定模板（型腔）的主要加工尺寸、几何公差及表面粗糙度要求

序号	项目	内容	偏差范围（数值）
1	主要加工尺寸		
2	几何公差		
3	表面粗糙度		

3．从定模板零件图可以看出，由于定模板和型腔采用整体结构，型腔直接在标准模架的定模板上加工。根据定模板（型腔）零件图样的技术要求和拟定的定模板（型腔）加工工艺路线，以及材料准备计划、刀具准备计划、量具准备计划等内容，编制定模板（型腔）加工工艺卡（表 3-3）。

表 3-3　　定模板（型腔）加工工艺卡

<table>
<tr><td colspan="3" rowspan="2">定模板（型腔）加工工艺卡</td><td>材料</td><td>45 钢</td><td>图号</td><td colspan="3"></td></tr>
<tr><td>产品数量</td><td>1</td><td>零件名称</td><td></td><td>共　页</td><td>第　页</td></tr>
<tr><td rowspan="2">工序号</td><td rowspan="2">工序名称</td><td rowspan="2">工序内容</td><td rowspan="2">车间</td><td rowspan="2">工段</td><td rowspan="2">设备</td><td rowspan="2">工艺装备</td><td colspan="2">工时</td></tr>
<tr><td>准终</td><td>单件</td></tr>
<tr><td></td><td></td><td></td><td></td><td></td><td></td><td></td><td></td><td></td></tr>
<tr><td></td><td></td><td></td><td></td><td></td><td></td><td></td><td></td><td></td></tr>
<tr><td></td><td></td><td></td><td></td><td></td><td></td><td></td><td></td><td></td></tr>
<tr><td></td><td></td><td></td><td></td><td></td><td></td><td></td><td></td><td></td></tr>
<tr><td></td><td></td><td></td><td></td><td></td><td></td><td></td><td></td><td></td></tr>
<tr><td></td><td></td><td></td><td></td><td></td><td></td><td></td><td></td><td></td></tr>
<tr><td></td><td></td><td></td><td></td><td></td><td></td><td></td><td></td><td></td></tr>
<tr><td></td><td></td><td></td><td></td><td></td><td></td><td></td><td></td><td></td></tr>
</table>

续表

工序号	工序名称	工序内容	车间	工段	设备	工艺装备	工时	
							准终	单件

4．根据编制的定模板（型腔）加工工艺卡，制订定模板（型腔）加工工作计划（表 3–4）。

表 3–4　定模板（型腔）加工工作计划

序号	开始时间	结束时间	工作内容	工作要求	备注

评价与分析

学习活动过程评价表

<table>
<tr><td>班级</td><td></td><td>姓名</td><td></td><td>学号</td><td></td><td>日期</td><td colspan="3">年　月　日</td></tr>
<tr><td>序号</td><td colspan="2">评价内容和描述</td><td colspan="3">评价细则</td><td>配分</td><td>得分</td><td colspan="2">总评</td></tr>
<tr><td>1</td><td colspan="2">能说出定模板（型腔）的作用</td><td colspan="3">不正确不得分</td><td>5</td><td></td><td colspan="2" rowspan="5">A□
（86 ~ 100 分）
B□
（76 ~ 85 分）
C□
（60 ~ 75 分）
D□
（60 分以下）</td></tr>
<tr><td>2</td><td colspan="2">能说出定模板（型腔）的主要加工尺寸、几何公差及表面粗糙度要求</td><td colspan="3">一处不正确扣 5 分</td><td>30</td><td></td></tr>
<tr><td>3</td><td colspan="2">能正确编制定模板（型腔）加工工艺卡</td><td colspan="3">一处不正确扣 5 分</td><td>30</td><td></td></tr>
<tr><td>4</td><td colspan="2">能制订合理的定模板（型腔）加工工作计划</td><td colspan="3">一处不合理扣 5 分</td><td>30</td><td></td></tr>
<tr><td>5</td><td colspan="2">能积极参与小组讨论，运用专业术语与他人交流（小组长对成员打分）</td><td colspan="3">参与积极性高，合作意识好得 5 分；参与积极性一般，合作意识一般得 3 分；参与积极性差，合作意识差得 1 分</td><td>5</td><td></td></tr>
<tr><td>小结
建议</td><td colspan="9"></td></tr>
</table>

学习活动 2　型腔的数控车床加工

学习目标

1. 能根据型腔和定模板镶件的形状、尺寸要求等对零件进行正确的装夹和找正。

2. 能根据型腔和定模板镶件的技术要求与加工工艺路线，编制型腔和定模板镶件的数控加工工艺卡。

3. 能正确编制型腔和定模板镶件的数控车床加工程序。

4. 能使用抛光工具和设备对型腔成型表面进行光整加工。

5. 能规范、熟练地使用游标卡尺、千分尺和百分表等量具对型腔和定模板镶件的加工质量进行检测，分析误差产生的原因，优化加工策略。

6. 能独立操作数控车床完成型腔和定模板镶件的加工，并解决在此过程中出现的简单报警和加工问题。

7. 能在工作现场执行 7S 管理规定。

建议学时：16 学时。

学习过程

1. 根据定模板（型腔）零件图，本校生产车间现有的哪些机床能够加工型腔？选择何种机床加工型腔最佳？写出机床型号和主要技术参数。

2．确定定模板（型腔）的定位基准和装夹方式。

（1）在定模板上加工型腔的定位基准应如何选取?

（2）在数控车床上加工型腔时，定模板应怎样装夹和校正?

3．选择车削定模板（型腔）的刀具。

（1）型腔加工主要为内成型面，车削内成型面应考虑哪些因素?

（2）车削刀具应如何选择?

（3）确定加工型腔用车刀的型号和规格。

4．确定定模板（型腔）的车削加工工艺路线。

（1）确定内成型面车削加工工艺路线时应注意哪些问题?

（2）车刀的起刀点和换刀点应如何选择?

（3）绘制车削定模板（型腔）的走刀路线图。

5．确定车削定模板（型腔）的切削用量。

6．编写定模板（型腔）数控加工工艺卡（表 3–5）。

表 3–5　　定模板（型腔）数控加工工艺卡

单位名称		产品名称	零件名称	零件图号
工序	程序编号	夹具名称	设备	车间

工步	工步内容	刀具规格 / mm	主轴转速 /（r/min）	进给速度 /（mm/min）	背吃刀量 / mm	备注

7．编写定模板（型腔）数控车床加工程序。

8．加工定模板（型腔）。详细记录加工中出现的问题及解决方法。

9．写出型腔表面光整加工的方法和加工步骤。

10．定模板（型腔）加工质量检测项目有哪些？把相应的技术要求、检测方法及检测结果填入表 3–6 中。

表 3–6　　定模板（型腔）加工质量检测

序号	检测项目	技术要求	检测方法	检测结果

续表

序号	检测项目	技术要求	检测方法	检测结果

11. 定模板镶件的加工。

（1）为什么将塑料碗底部的型面设计成镶拼结构?

（2）分析定模板镶件图样，写出零件主要加工尺寸、几何公差及表面粗糙度要求。

（3）制定定模板镶件的加工步骤。

（4）选择合适的刀具及切削用量。

（5）编写定模板镶件数控加工工艺卡（表 3–7）。

表 3–7　　定模板镶件数控加工工艺卡

单位名称		产品名称	零件名称		零件图号	
工序	程序编号	夹具名称	设备		车间	
工步	工步内容	刀具规格 / mm	主轴转速 /（r/min）	进给速度 /（mm/min）	背吃刀量 / mm	备注

（6）编制定模板镶件的数控加工程序。

（7）定模板镶件加工质量检测项目有哪些？把相应的技术要求、检测方法及检测结果填入表 3–8。

表 3–8　定模板镶件加工质量检测

序号	检测项目	技术要求	检测方法	检测结果

续表

序号	检测项目	技术要求	检测方法	检测结果

评价与分析

学习活动过程评价表

<table>
<tr><td>班级</td><td></td><td>姓名</td><td></td><td>学号</td><td></td><td>日期</td><td colspan="2">年　月　日</td></tr>
<tr><td>序号</td><td colspan="2">评价内容和描述</td><td colspan="3">评价细则</td><td>配分</td><td>得分</td><td>总评</td></tr>
<tr><td>1</td><td colspan="2">能对型腔和定模板镶件进行正确的装夹和找正</td><td colspan="3">一处不正确扣 2 分</td><td>10</td><td></td><td rowspan="6">A □
（86 ~ 100 分）
B □
（76 ~ 85 分）
C □
（60 ~ 75 分）</td></tr>
<tr><td>2</td><td colspan="2">能正确编制型腔和定模板镶件的数控加工工艺卡</td><td colspan="3">一处不正确扣 4 分</td><td>20</td><td></td></tr>
<tr><td>3</td><td colspan="2">能正确编制型腔和定模板镶件的数控加工程序</td><td colspan="3">一处不正确扣 4 分</td><td>20</td><td></td></tr>
<tr><td>4</td><td colspan="2">能规范操作数控机床完成型腔和定模板镶件的加工</td><td colspan="3">不能规范完成型腔的加工扣 10 分，不能规范完成定模板镶件的加工扣 10 分</td><td>20</td><td></td></tr>
<tr><td>5</td><td colspan="2">能使用抛光工具规范完成型腔和定模板镶件的光整加工</td><td colspan="3">不能规范完成型腔的光整加工扣 10 分，不能规范完成定模板镶件的光整加工扣 10 分</td><td>10</td><td></td></tr>
<tr><td>6</td><td colspan="2">能正确检测型腔和定模板镶件的加工质量</td><td colspan="3">不能正确检测型腔的质量扣 5 分，不能正确检测定模板镶件的质量扣 5 分</td><td>10</td><td></td></tr>
</table>

续表

序号	评价内容和描述	评价细则	配分	得分	总评
7	能在工作现场执行7S管理规定	能够执行7S管理规定中的5～6条得5分，能够执行7S管理规定中的3～4条得3分，能够执行7S管理规定中的1～2条得1分	5		D□ （60分以下）
8	能积极参与小组讨论，运用专业术语与他人交流（小组长对成员打分）	参与积极性高，合作意识好得5分；参与积极性一般，合作意识一般得3分；参与积极性差，合作意识差得1分	5		
小结建议					

学习活动3　工作总结、成果展示与经验交流

学习目标

1. 能正确、规范撰写工作总结。
2. 能采用多种形式进行成果展示。
3. 能有效进行工作反馈与经验交流。

建议学时：2学时。

学习过程

一、展示与评价

把小组制作好的塑料碗塑料成型模定模板（型腔）先进行分组展示，再由小组推荐代表做必要的介绍。在展示的过程中，以小组为单位进行评价；评价完成后，根据其他小组成员对本小组展示成果的评价意见进行归纳总结。完成如下项目：

1．展示的产品符合技术标准吗？

符合□　　不符合□　　可返修□　　直接报废□

2．与其他小组相比，你认为本小组的产品工艺如何？

工艺优化□　　工艺合理□　　工艺一般□

3．本小组介绍成果表达是否清晰？

很好□　　一般，常补充□　　不清晰□

4．本小组演示产品检测方法操作正确吗？

正确□　　部分正确□　　不正确□

5．本小组演示操作时遵循7S管理规定了吗？

遵循了□　　部分遵循□　　完全没有遵循□

6．本小组成员的团队创新精神如何？

良好□　　一般□　　不足□

7. 总结本次任务是否达到学习目标。如果没有达到学习目标，分析并写出哪部分内容没有学好，然后返回到相应处补充学习。

二、教师评价

对各小组的展示过程及定模板（型腔）加工质量进行点评，对不足的地方提出改进方法。

三、综合评价

学习任务三评价表

班级：__________ 姓名：__________ 学号：__________

项目	自我评价			小组评价			教师评价		
	10 ~ 9	8 ~ 6	5 ~ 1	10 ~ 9	8 ~ 6	5 ~ 1	10 ~ 9	8 ~ 6	5 ~ 1
	占总评 10%			占总评 30%			占总评 60%		
学习活动 1									
学习活动 2									
学习活动 3									
协作精神									
纪律观念									
表达能力									
工作态度									
小计									
总评									

任课教师：__________ ______年____月____日

学习任务四　塑料碗塑料成型模冷却水道加工

学习目标

1. 能读懂注射模中冷却系统的结构。

2. 能说出常用冷却水道管接头的规格型号。

3. 能根据冷却水道布置的特点确定加工步骤。

4. 能操作摇臂钻床，正确选择钻削用量，完成冷却水道的加工。

5. 能按规范对摇臂钻床进行维护保养。

6. 能在工作过程中严格执行企业操作规范、安全生产制度、环保管理制度以及7S管理规定，严格遵守从业人员的职业道德，具有吃苦耐劳、爱岗敬业的工作态度和职业责任感。

7. 能与班组长、工具管理员等相关人员进行有效的沟通与合作。

8. 能主动展示并汇报工作成果，对工作过程中出现的问题进行反思和总结，从而优化方案和策略，并具备知识迁移能力。

建议学时

20学时。

工作情景描述

在塑料成型过程中，对模具进行冷却非常重要，它不但提高了生产率，而且保证了制件的质量，同时延长了模具的使用寿命。

识读零件图，了解冷却水道布置方式，明确加工要求。通过查阅相关资料了解模具材料的切削性能和力学性能，选择合适的钻头，确定冷却水道的加工方法和加工步骤；操作摇臂钻床，使用加长钻头完成冷却水道的加工；根据图样要求，选用正确的方法检测零件质量，提交合格产品。按机床维护保养要求，完成摇臂钻床的维护保养工作；按工作现场管理规范打扫场地，归置物品；按环保要求处理加工废屑、废液。

零件图

动模支承板见图 4–1。

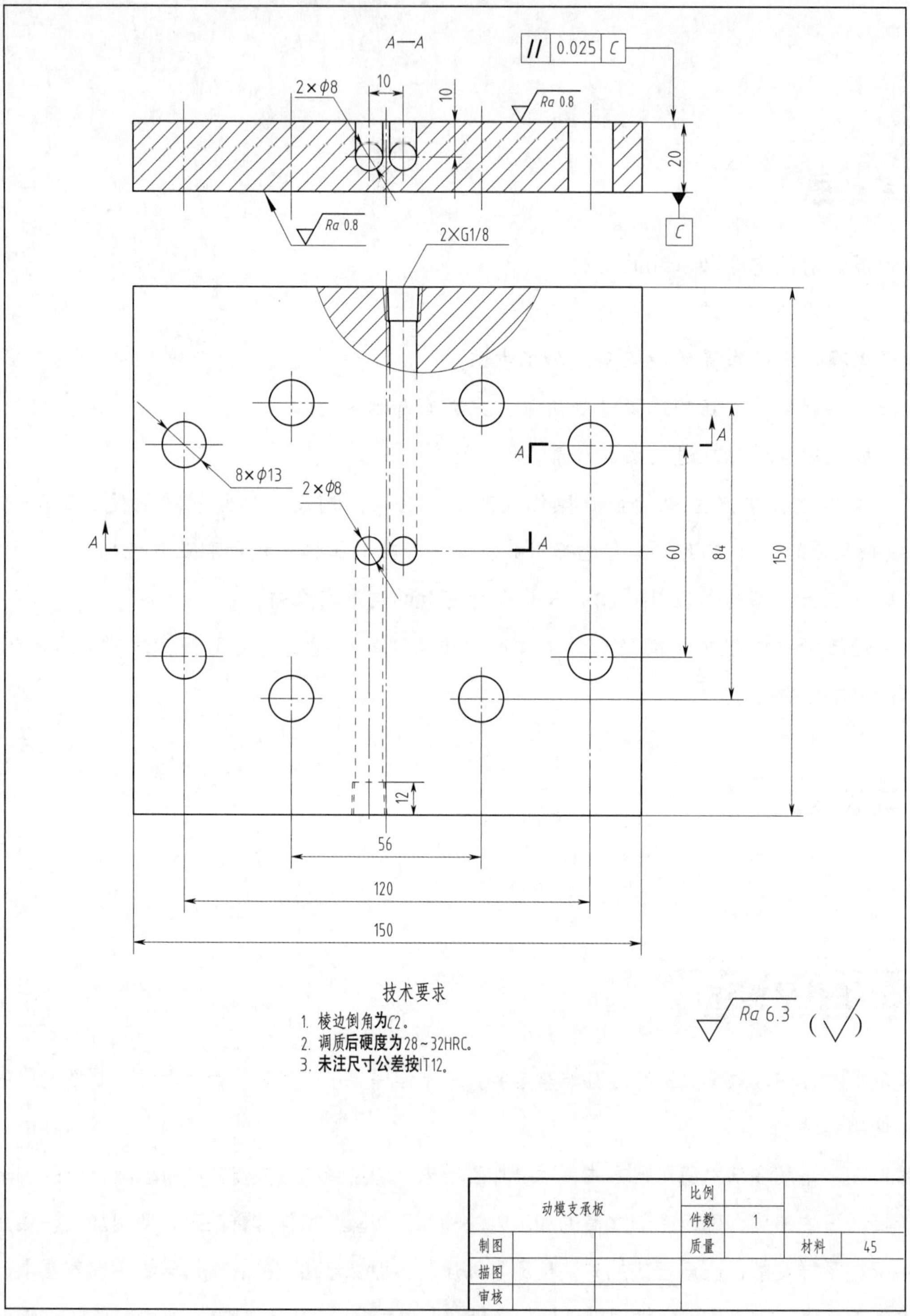

A—A

技术要求

1. 棱边倒角为C2。
2. 调质后硬度为28～32HRC。
3. 未注尺寸公差按IT12。

Ra 6.3 (√)

动模支承板			比例			
			件数	1		
制图			质量		材料	45
描图						
审核						

图 4–1　动模支承板

生产派工单（表 4-1）

表 4-1　　　　　　　　　　　　　　　生产派工单

单号：__________　开单部门：________________　开单人：________

开单时间：________年___月___日___时___分　接单人：______部______小组_______（签名）

<table>
<tr><td colspan="5">以下由开单人填写</td></tr>
<tr><td>产品名称</td><td>冷却水道</td><td>完成工时</td><td colspan="2"></td></tr>
<tr><td>产品技术要求</td><td colspan="4">按图样加工，满足使用功能要求</td></tr>
<tr><td colspan="5">以下由接单人和确认方填写</td></tr>
<tr><td>领取材料
（含消耗品）</td><td colspan="2"></td><td rowspan="2">成本
核算</td><td rowspan="2">金额合计：

仓管员（签名）
年　月　日</td></tr>
<tr><td>领用工具</td><td colspan="2"></td></tr>
<tr><td>操作者
检测</td><td colspan="2"></td><td colspan="2">（签名）

年　月　日</td></tr>
<tr><td>班组
检测</td><td colspan="2"></td><td colspan="2">（签名）

年　月　日</td></tr>
<tr><td>质检员
检测</td><td colspan="2">□合格　□不良　□返修　□报废</td><td colspan="2">（签名）

年　月　日</td></tr>
</table>

工作流程与活动

1．接受工作任务、明确工作要求（2 学时）

2．摇臂钻床的操作与维护保养（6 学时）

3．冷却水道的加工（10 学时）

4．工作总结、成果展示与经验交流（2 学时）

学习活动1　接受工作任务、明确工作要求

学习目标

1. 能主动接受工作任务，明确任务要求。

2. 能说出冷却水道的作用以及常见冷却水道的结构特点及适用范围。

3. 能绘制冷却系统结构简图。

4. 能说出冷却水道布置的基本原则。

5. 能在工作中应用专业术语进行交流。

建议学时：2学时。

学习过程

1．注射成型工艺过程：塑料在注塑机内加热塑化，呈熔融状态，高压注射到闭合的模具中，经过保温、冷却、定型后，开模取出制件。查阅资料，回答以下问题。

（1）塑料碗制件材料是什么？成型温度、模具温度分别是多少？

（2）塑料碗塑料成型模设置冷却水道的目的是什么？

2．在表 4–2 中填写常见的注射模冷却水道的结构特点及适用范围。

表 4–2　　　　　　　　　　常见的注射模冷却水道的结构特点及适用范围

示意图	结构特点	适用范围
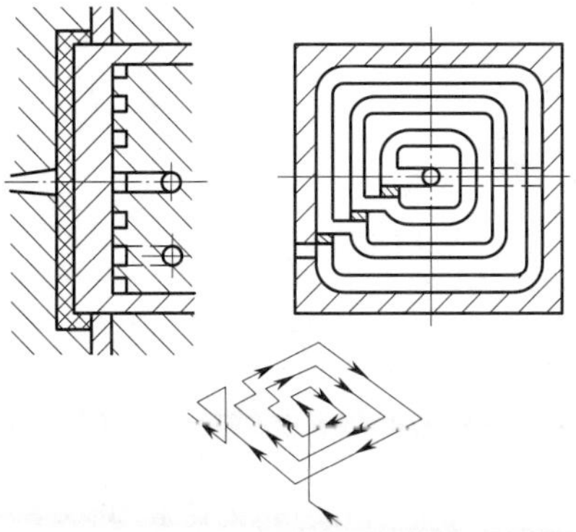		
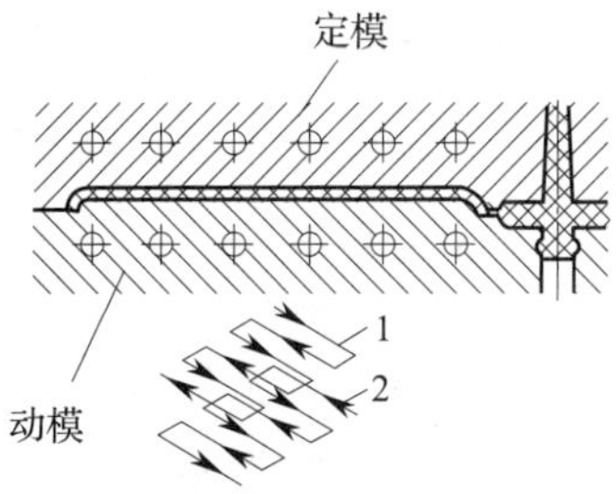		
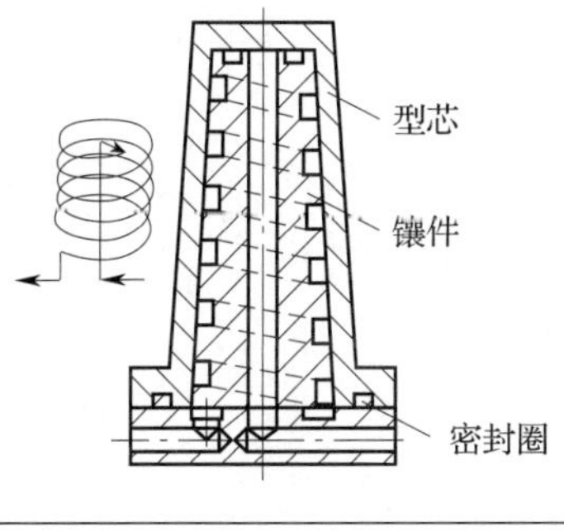		
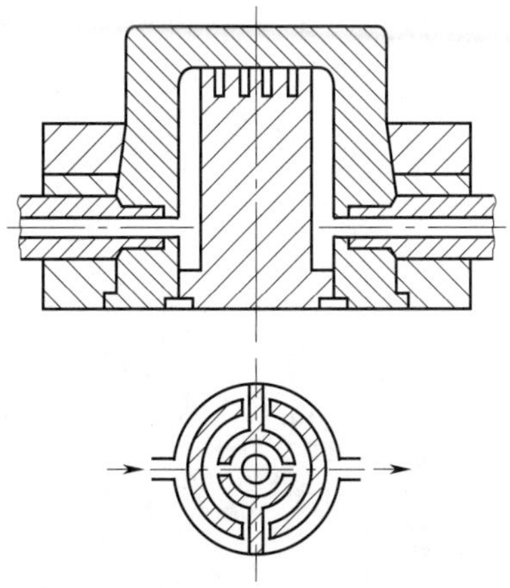		

3．识读塑料碗塑料成型模装配图、定模板（型腔）零件图和动模支承板零件图，绘制塑料碗塑料成型模的冷却系统结构简图。

（1）塑料碗塑料成型模中哪些零件设置有冷却水道?

（2）绘制定模部分冷却系统结构简图。

（3）绘制动模部分冷却系统结构简图。

（4）根据动模和定模部分冷却系统结构简图，分析冷却水道布置的基本原则。

评价与分析

学习活动过程评价表

<table>
<tr><td>班级</td><td></td><td>姓名</td><td></td><td>学号</td><td></td><td>日期</td><td colspan="2">年 月 日</td></tr>
<tr><td>序号</td><td colspan="2">评价内容和描述</td><td colspan="3">评价细则</td><td>配分</td><td>得分</td><td>总评</td></tr>
<tr><td>1</td><td colspan="2">能说出塑料碗塑料成型模冷却水道的作用</td><td colspan="3">一处不完整或不准确扣 5 分</td><td>10</td><td></td><td rowspan="6">A □
（86 ~ 100 分）
B □
（76 ~ 85 分）
C □
（60 ~ 75 分）
D □
（60 分以下）</td></tr>
<tr><td>2</td><td colspan="2">能说出常见冷却水道的结构特点及适用范围</td><td colspan="3">一处不完整或不准确扣 2 分</td><td>20</td><td></td></tr>
<tr><td>3</td><td colspan="2">能说出冷却水道布置的基本原则</td><td colspan="3">一处不完整或不准确扣 5 分</td><td>20</td><td></td></tr>
<tr><td>4</td><td colspan="2">能绘制定模部分冷却系统结构简图</td><td colspan="3">一处不正确扣 5 分</td><td>20</td><td></td></tr>
<tr><td>5</td><td colspan="2">能绘制动模部分冷却系统结构简图</td><td colspan="3">一处不正确扣 5 分</td><td>20</td><td></td></tr>
<tr><td>6</td><td colspan="2">能积极参与小组讨论，运用专业术语与他人交流（小组长对成员打分）</td><td colspan="3">参与积极性高，合作意识好得 10 分；参与积极性一般，合作意识一般得 5 分；参与积极性差，合作意识差得 1 分</td><td>10</td><td></td></tr>
<tr><td>小结建议</td><td colspan="8"></td></tr>
</table>

学习活动 2　摇臂钻床的操作与维护保养

学习目标

1. 能说出各类钻床的钻削特点及应用范围。
2. 能按照安全操作规程操作摇臂钻床进行孔加工。
3. 能针对钻孔精度选择合适的切削用量。
4. 能对摇臂钻床进行维护保养。
5. 能在工作现场执行 7S 管理规定。

建议学时：6 学时。

学习过程

1．在模具加工中，钻孔、扩孔、锪孔、铰孔和攻螺纹等操作是钳工最常用的加工方法，这些加工方法一般要在钻床上完成。常用的钻床类型有台式钻床、立式钻床、摇臂钻床，在表 4–3 中写出常用钻床的钻削特点及应用范围。

表 4–3　　常用钻床的钻削特点及应用范围

名称	图示	钻削特点	应用范围
台式钻床			

续表

名称	图示	钻削特点	应用范围
立式钻床			
摇臂钻床			

2．机床型号中的数字或字母都代表一定的含义。例如台式钻床 Z4020：Z—类代号，钻床；4—组代号，台式；0—系代号；20—主参数，最大钻孔直径 20 mm。立式钻床 Z5125：Z—类代号，钻床；5—组代号，立柱式；1—系代号，方柱；25—主参数，最大钻孔直径 25 mm。

（1）解释摇臂钻床 ZQ3050×16 型号的含义。

（2）摇臂钻床主要结构有电动机、主轴及主轴箱、摇臂、立柱、工作台等。摇臂钻床的主轴箱能在摇臂上有较大范围的前后移动；摇臂不仅可绕立柱做 360° 回转，且可沿立柱上下运动。所以摇臂钻床可在很大范围内工作。钻削时，工件可固定在工作台上，也可直接放在底座（或地面）上加工。在图 4–2 中标出摇臂钻床的主要结构名称和操作手柄名称。

图 4–2 摇臂钻床的主要结构名称和操作手柄名称

3．查阅钻床使用说明书，写出 ZQ3050×16 摇臂钻床的主要技术参数。

（1）钻孔最大直径

（2）主轴端面至工作台距离

（3）主轴中心至立柱母线距离

（4）主轴行程

（5）主轴锥孔（莫氏）

（6）主轴转速范围

（7）主轴转速级数

（8）主轴进给量范围

（9）主轴进给量级数

（10）摇臂回转角度

（11）主电动机功率

（12）升降电动机功率

（13）质量

（14）外形尺寸

4．摘录并熟记摇臂钻床安全操作规程。

5．详细记录摇臂钻床钻孔的操作步骤。

6．在给定的坯料（坯料尺寸 200 mm×200 mm×100 mm，材料为 45 钢）上加工 ϕ5 mm、ϕ8 mm、ϕ12 mm、ϕ16 mm、ϕ20 mm 的孔。

（1）调整三组不同的切削用量钻孔，对孔径和表面粗糙度分别进行检测，填写表 4-4。

表 4-4　调整三组不同的切削用量钻孔

项目	主轴转速	进给量	背吃刀量	孔径	表面粗糙度
ϕ5 mm					
ϕ8 mm					
ϕ12 mm					
ϕ16 mm					
ϕ20 mm					

（2）小组讨论：钻孔时，切削用量对钻孔精度有什么影响？应如何选择切削用量？

7．写出摇臂钻床维护保养要点，并对摇臂钻床进行维护保养。

评价与分析

学习活动过程评价表

<table>
<tr><td>班级</td><td></td><td>姓名</td><td></td><td>学号</td><td></td><td>日期</td><td colspan="2">年　月　日</td></tr>
<tr><td>序号</td><td colspan="2">评价内容和描述</td><td colspan="3">评价细则</td><td>配分</td><td>得分</td><td>总评</td></tr>
<tr><td>1</td><td colspan="2">能说出各类钻床的钻削特点及应用范围</td><td colspan="3">一处不完整或不准确扣 5 分</td><td>10</td><td></td><td rowspan="7">A □
（86 ~ 100 分）
B □
（76 ~ 85 分）
C □
（60 ~ 75 分）
D □
（60 分以下）</td></tr>
<tr><td>2</td><td colspan="2">能说出摇臂钻床结构组成</td><td colspan="3">一处不完整或不准确扣 5 分</td><td>10</td><td></td></tr>
<tr><td>3</td><td colspan="2">能规范操作摇臂钻床完成孔加工</td><td colspan="3">不能规范完成不得分</td><td>30</td><td></td></tr>
<tr><td>4</td><td colspan="2">能针对钻孔精度选择合适的切削用量</td><td colspan="3">不合适不得分</td><td>10</td><td></td></tr>
<tr><td>5</td><td colspan="2">能规范地完成摇臂钻床的维护保养</td><td colspan="3">不能规范完成不得分</td><td>20</td><td></td></tr>
<tr><td>6</td><td colspan="2">能在工作现场执行 7S 管理规定</td><td colspan="3">能够执行 7S 管理规定中的 5 ~ 6 条得 10 分，能够执行 7S 管理规定中的 3 ~ 4 条得 5 分，能够执行 7S 管理规定中的 1 ~ 2 条得 1 分</td><td>10</td><td></td></tr>
<tr><td>7</td><td colspan="2">能积极参与小组讨论，运用专业术语与他人交流（小组长对成员打分）</td><td colspan="3">参与积极性高，合作意识好得 10 分；参与积极性一般，合作意识一般得 5 分；参与积极性差，合作意识差得 1 分</td><td>10</td><td></td></tr>
<tr><td>小结建议</td><td colspan="8"></td></tr>
</table>

学习活动3　冷却水道的加工

1. 能说出深孔和圆锥管螺纹孔加工要点。
2. 能说出常用冷却水道管接头的规格型号。
3. 能根据冷却水道布置的特点确定加工步骤。
4. 能根据图样要求合理选择麻花钻、丝锥等刀具。
5. 能操作摇臂钻床，正确选择钻削用量，完成冷却水道的加工。
6. 能选择合理的检测方法检测冷却水道加工质量。
7. 能在工作现场执行7S管理规定。

建议学时：10学时。

学习过程

1．在模具制造中，常常会遇到不同类型特殊孔的加工，例如：小孔（直径小于3 mm的孔）、深孔（深度与直径之比大于5的孔）、斜孔、精孔（精度很高的孔，尺寸公差为0.02 ~ 0.04 mm，表面粗糙度为Ra1.6 ~ 0.63 μm）的加工等。钻小孔时由于钻头直径小、强度低、刚度差和排屑不畅等原因，易发生孔偏斜及钻头折断等问题。而且钻小孔时钻头转速快，切削温度高，不易散热，加剧了钻头的磨损，缩短了钻头的使用寿命。为了延长钻头的寿命和提高加工效率，在生产中常采用如下措施：选择较高精度、较高转速的机床；开始钻削时选用较小的进给量，给钻头合适大小的压力；及时排屑，充分冷却润滑等。

（1）查阅资料，填写表4–5中深孔和圆锥管螺纹孔的加工要点。

表4–5　深孔和圆锥管螺纹孔的加工要点

项目	加工要点
深孔加工	

续表

项目	加工要点
圆锥管螺纹孔加工	

（2）查阅图样，说明塑料碗塑料成型模冷却水道是深孔、斜孔还是精孔。

（3）深孔加工时，应怎样选择切削液?

2．管螺纹与普通三角形螺纹相比有什么特点?

3．管螺纹有哪些主要用途？常用的冷却水道管接头的规格型号有哪些？

4．以小组为单位，讨论并填写冷却水道的工步及加工要点。

（1）定模板冷却水道工步及加工要点（表 4–6）

表 4–6　定模板冷却水道工步及加工要点

工序	工步	操作内容	刀具规格	精度要求	工具、量具	主轴转速	进给量

（2）动模支承板冷却水道工步及加工要点（表 4–7）

表 4–7　　　　　　　　　　　动模支承板冷却水道工步及加工要点

工序	工步	操作内容	刀具规格	精度要求	工具、量具	主轴转速	进给量

5．在摇臂钻床上装夹工件有哪些方法？塑料碗塑料成型模的定模板、动模支承板应如何装夹在摇臂钻床上加工冷却水道？

6．写出检测冷却水道加工质量的方法和步骤。

评价与分析

学习活动过程评价表

<table>
<tr><td>班级</td><td></td><td>姓名</td><td></td><td>学号</td><td></td><td>日期</td><td colspan="2">年　月　日</td></tr>
<tr><th>序号</th><th colspan="2">评价内容和描述</th><th colspan="3">评价细则</th><th>配分</th><th>得分</th><th>总评</th></tr>
<tr><td>1</td><td colspan="2">能说出冷却水道（深孔）加工要点</td><td colspan="3">一处不完整或不准确扣 5 分</td><td>10</td><td></td><td rowspan="5">A □
（86 ~ 100 分）

B □
（76 ~ 85 分）</td></tr>
<tr><td>2</td><td colspan="2">能说出圆锥管螺纹孔加工要点</td><td colspan="3">一处不完整或不准确扣 5 分</td><td>10</td><td></td></tr>
<tr><td>3</td><td colspan="2">能说出常用冷却水道管接头的规格型号</td><td colspan="3">说出两个及以上得 10 分，说出一个得 5 分</td><td>10</td><td></td></tr>
<tr><td>4</td><td colspan="2">能根据冷却水道布置的特点确定合适的加工步骤</td><td colspan="3">一处不合适扣 5 分</td><td>10</td><td></td></tr>
<tr><td>5</td><td colspan="2">能选择合适的麻花钻、丝锥等刀具</td><td colspan="3">一处不合适扣 5 分</td><td>10</td><td></td></tr>
</table>

续表

序号	评价内容和描述	评价细则	配分	得分	总评
6	能规范操作摇臂钻床，正确选择钻削用量，完成冷却水道的加工	一处不规范或者不正确扣 4 分	20		C□ （60 ~ 75 分） D□ （60 分以下）
7	能规范检测冷却水道的加工质量	一处不规范或者不正确扣 2 分	10		
8	加工出的冷却水道符合图样要求	一处不符合要求扣 2 分	10		
9	能在工作现场执行 7S 管理规定	能够执行 7S 管理规定中的 5 ~ 6 条得 5 分，能够执行 7S 管理规定中的 3 ~ 4 条得 3 分，能够执行 7S 管理规定中的 1 ~ 2 条得 1 分	5		
10	能积极参与小组讨论，运用专业术语与他人交流（小组长对成员打分）	参与积极性高，合作意识好得 5 分；参与积极性一般，合作意识一般得 3 分；参与积极性差，合作意识差得 1 分	5		
小结建议					

学习活动4　工作总结、成果展示与经验交流

学习目标

1. 能正确、规范撰写工作总结。
2. 能采用多种形式进行成果展示。
3. 能有效进行工作反馈与经验交流。

建议学时：2学时。

学习过程

一、展示与评价

把小组制作好的塑料碗塑料成型模冷却水道先进行分组展示，再由小组推荐代表做必要的介绍。在展示的过程中，以小组为单位进行评价；评价完成后，根据其他小组成员对本小组展示成果的评价意见进行归纳总结。完成如下项目：

1．展示的产品符合技术标准吗？

符合□　　不符合□　　可返修□　　直接报废□

2．与其他小组相比，你认为本小组的产品工艺如何？

工艺优化□　　工艺合理□　　工艺一般□

3．本小组介绍成果表达是否清晰？

很好□　　一般，常补充□　　不清晰□

4．本小组演示产品检测方法操作正确吗？

正确□　　部分正确□　　不正确□

5．本小组演示操作时遵循7S管理规定了吗？

遵循了□　　部分遵循□　　完全没有遵循□

6．本小组成员的团队创新精神如何？

良好□　　一般□　　不足□

7. 总结本次任务是否达到学习目标。如果没有达到学习目标，分析并写出哪部分内容没有学好，然后返回到相应处补充学习。

二、教师评价

对各小组的展示过程及冷却水道加工质量进行点评，对不足的地方提出改进方法。

三、综合评价

学习任务四评价表

班级：__________ 姓名：__________ 学号：__________

<table>
<tr><td rowspan="3">项目</td><td colspan="3">自我评价</td><td colspan="3">小组评价</td><td colspan="3">教师评价</td></tr>
<tr><td>10 ~ 9</td><td>8 ~ 6</td><td>5 ~ 1</td><td>10 ~ 9</td><td>8 ~ 6</td><td>5 ~ 1</td><td>10 ~ 9</td><td>8 ~ 6</td><td>5 ~ 1</td></tr>
<tr><td colspan="3">占总评 10%</td><td colspan="3">占总评 30%</td><td colspan="3">占总评 60%</td></tr>
<tr><td>学习活动 1</td><td></td><td></td><td></td><td></td><td></td><td></td><td></td><td></td><td></td></tr>
<tr><td>学习活动 2</td><td></td><td></td><td></td><td></td><td></td><td></td><td></td><td></td><td></td></tr>
<tr><td>学习活动 3</td><td></td><td></td><td></td><td></td><td></td><td></td><td></td><td></td><td></td></tr>
<tr><td>学习活动 4</td><td></td><td></td><td></td><td></td><td></td><td></td><td></td><td></td><td></td></tr>
<tr><td>协作精神</td><td></td><td></td><td></td><td></td><td></td><td></td><td></td><td></td><td></td></tr>
<tr><td>纪律观念</td><td></td><td></td><td></td><td></td><td></td><td></td><td></td><td></td><td></td></tr>
<tr><td>表达能力</td><td></td><td></td><td></td><td></td><td></td><td></td><td></td><td></td><td></td></tr>
<tr><td>工作态度</td><td></td><td></td><td></td><td></td><td></td><td></td><td></td><td></td><td></td></tr>
<tr><td>小计</td><td colspan="3"></td><td colspan="3"></td><td colspan="3"></td></tr>
<tr><td>总评</td><td colspan="9"></td></tr>
</table>

任课教师：__________ ______年____月____日

世赛知识

国手的选拔

参加世界技能大赛代表国家形象，因此，必须确保选拔出最优秀的选手为国出征。

在选拔选手时，主要分两个阶段。第一个阶段是全国选拔。这个阶段类似于海选，在各地、各部门初赛的基础上，人力资源社会保障部组织开展第 45 届世界技能大赛全国选拔赛，根据选手成绩，最终每个参赛项目约有 10 人入选国家集训队。第二个阶段是集训选拔。主要是依托世界技能大赛中国集训基地，对入选国家集训队的选手进行集训，并根据集训安排进行“十进五”“五进一”的阶段性考核选拔，最后选出 1 名最优秀的选手代表祖国出征，可谓大浪淘沙。可以说，最终代表国家出征的参赛选手，每一位都经历了层层选拔，经历了常人无法想象的艰苦历程。正因为如此，他们才能够凭借精湛的技艺和强大的心理素质，最终在国际技能竞赛的舞台上一展身手，取得优异成绩。

我国对世界技能大赛全国选拔赛的组织是非常严密的，每届世界技能大赛全国选拔赛开始前，人力资源社会保障部都会出台详细的《竞赛技术规则》，要求全国选拔赛本着公平、公正、公开等原则组织实施。

学习任务五　塑料碗塑料成型模推出机构加工

1. 能说出常用推出机构的类型及工作原理。

2. 能说出推出机构中各零件的作用。

3. 能根据推出机构特点确定加工步骤，并根据加工步骤确定加工方法及注意事项。

4. 能正确加工出推出机构零件。

5. 能根据图样要求，选择合理检测方法检测推出机构零件的质量。

6. 能在工作过程中严格执行企业操作规范、安全生产制度、环保管理制度以及7S管理规定，严格遵守从业人员的职业道德，具有吃苦耐劳、爱岗敬业的工作态度和职业责任感。

7. 能与班组长、工具管理员等相关人员进行有效的沟通与合作。

8. 能主动展示并汇报工作成果，对工作过程中出现的问题进行反思和总结，从而优化方案和策略，并具备知识迁移能力。

20学时。

完成塑料碗塑料成型模主要成型零件加工后，根据模具装配图，分析推出机构的功能结构、工作原理；了解推出机构的技术要求，加工、修配推出机构相关零件，查阅相关资料，小组讨论后确定加工步骤；完成推出机构零件的加工与检测，提交合格产品。按机床维护保养要求，完成机床的维护保养工作；按工作现场管理规范打扫场地，归置物品；按环保要求处理加工废屑、废液。

零件图

推料板、动模板、垫块、动模座板、推杆固定板、推板分别见图 5-1 至图 5-6。

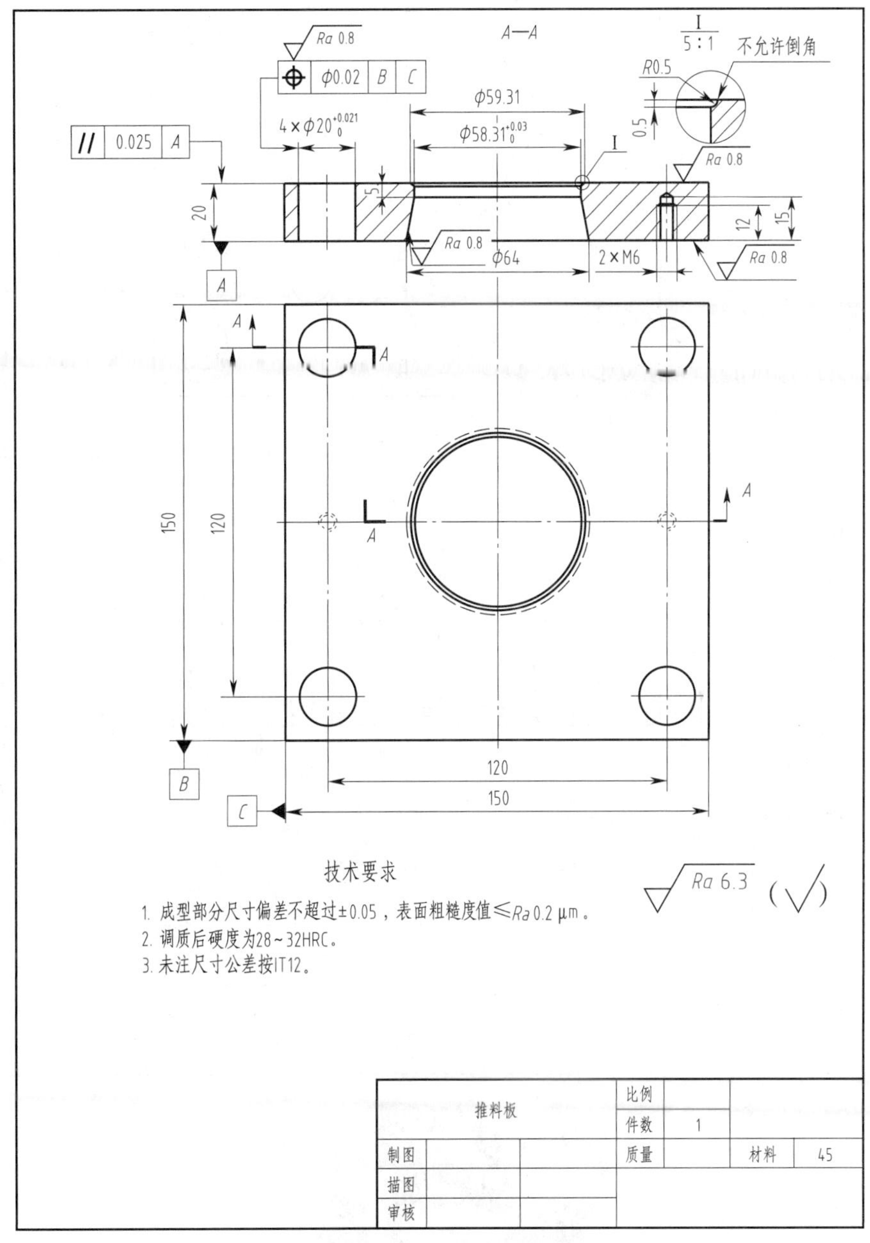

图 5-1　推料板

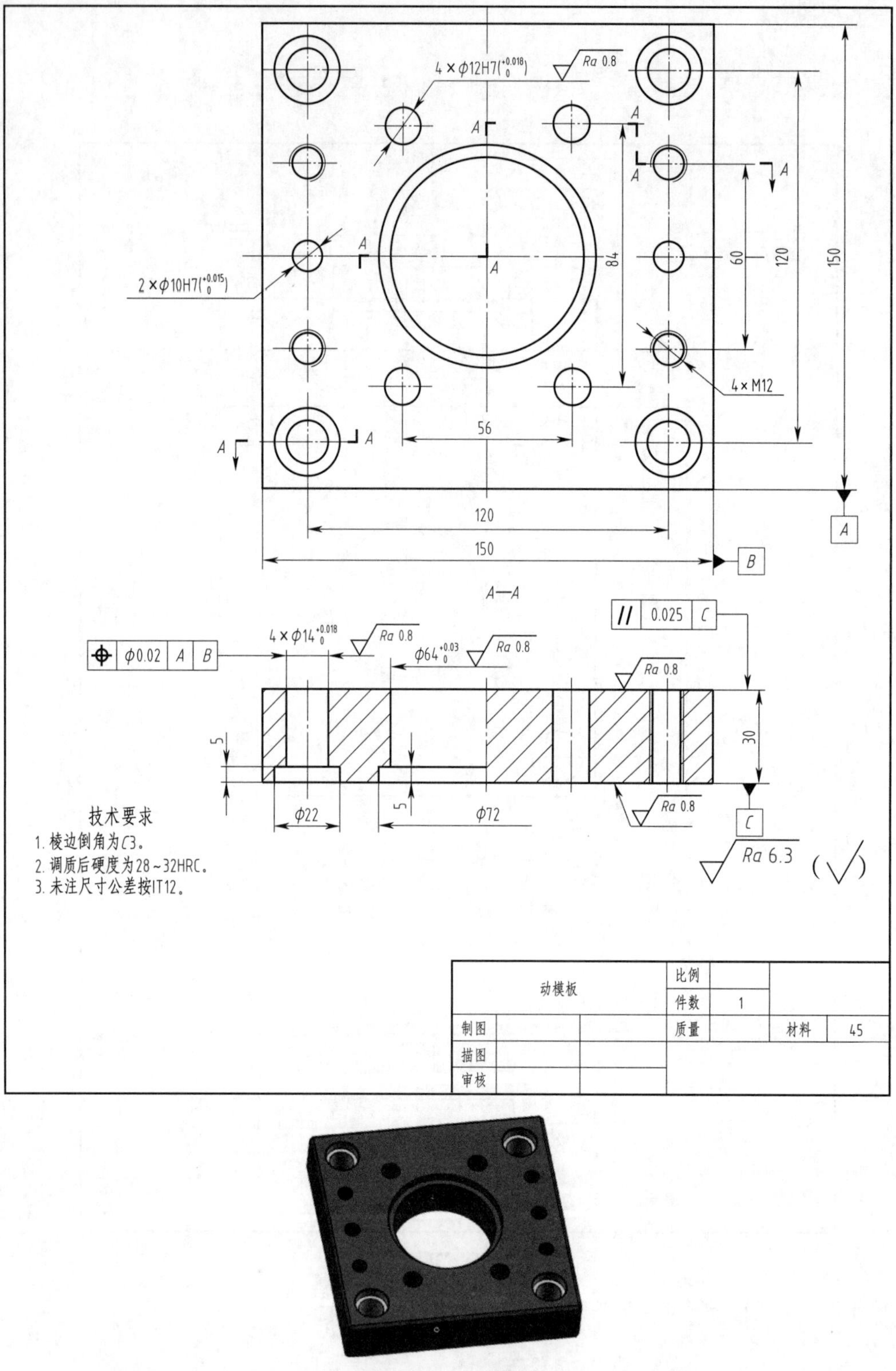

A—A

技术要求

1. 棱边倒角为C3。
2. 调质后硬度为28~32HRC。
3. 未注尺寸公差按IT12。

动模板			比例			
			件数	1		
制图			质量		材料	45
描图						
审核						

图 5-2　动模板

150
120
60
30
15
Ra 0.8
// 0.025 A
60
35
30
2×φ13
2×M10
A
技术要求
1. 共 2 块，左、右垫块配磨至等高。
2. 棱边倒角为C2。
3. 未注尺寸公差按IT12。
Ra 6.3 (√)
垫块
比例
件数 1
制图
质量
材料 Q235
描图
审核

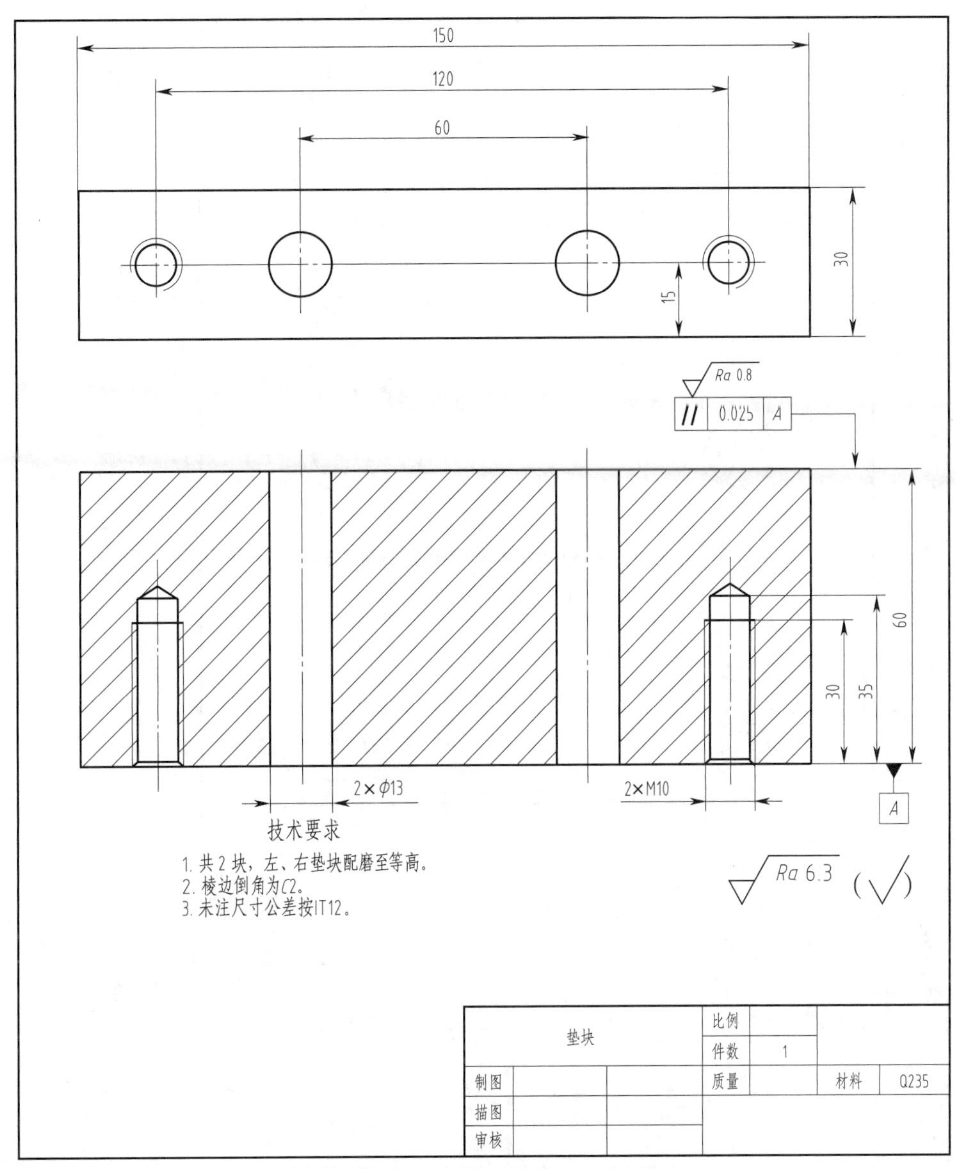

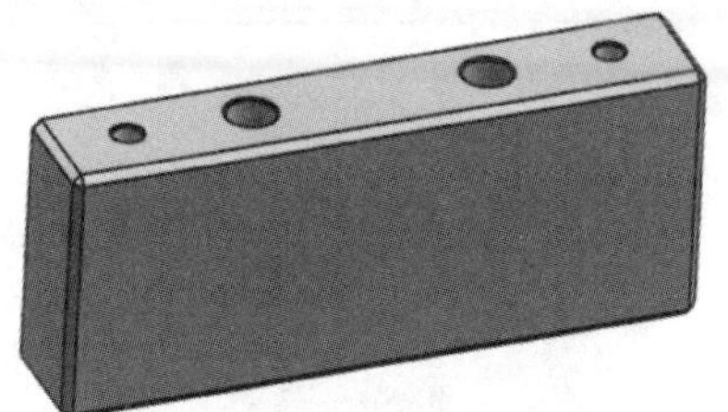

图 5-3　垫块

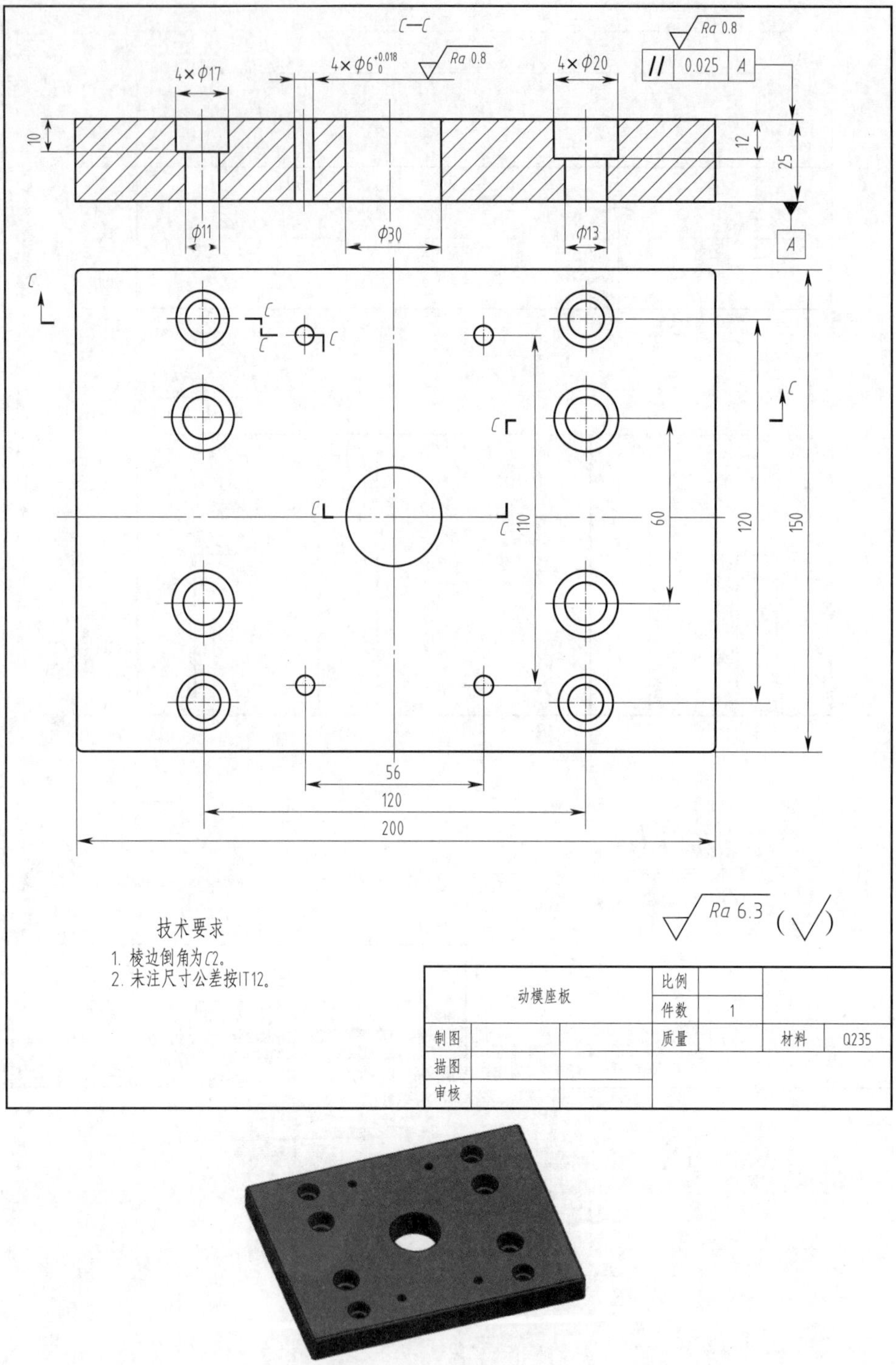

C—C

4×φ17　4×$φ6^{+0.018}_{0}$　Ra 0.8　4×φ20　Ra 0.8

// 0.025 A

10　12　25

φ11　φ30　φ13　A

110　60　120　150

56　120　200

Ra 6.3 (√)

技术要求

1. 棱边倒角为C2。
2. 未注尺寸公差按IT12。

动模座板			比例		
			件数	1	
制图			质量		材料 Q235
描图					
审核					

图 5-4　动模座板

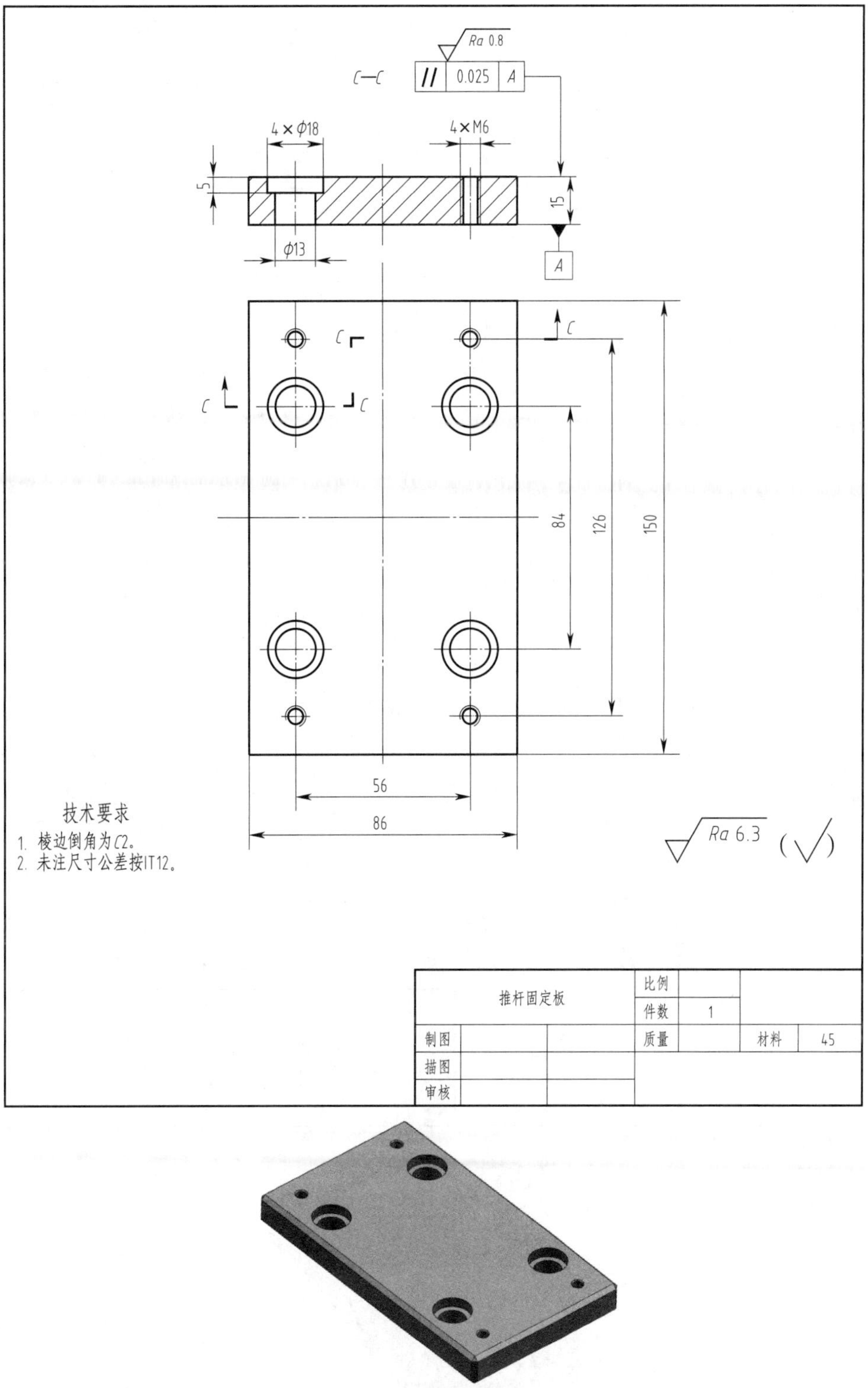

C—C

// 0.025 A

Ra 0.8

4×ϕ18 4×M6

5 15

ϕ13

A

84 126 150

56

86

技术要求

1. 棱边倒角为C2。
2. 未注尺寸公差按IT12。

Ra 6.3 (√)

推杆固定板			比例			
			件数	1		
制图			质量		材料	45
描图						
审核						

图 5–5 推杆固定板

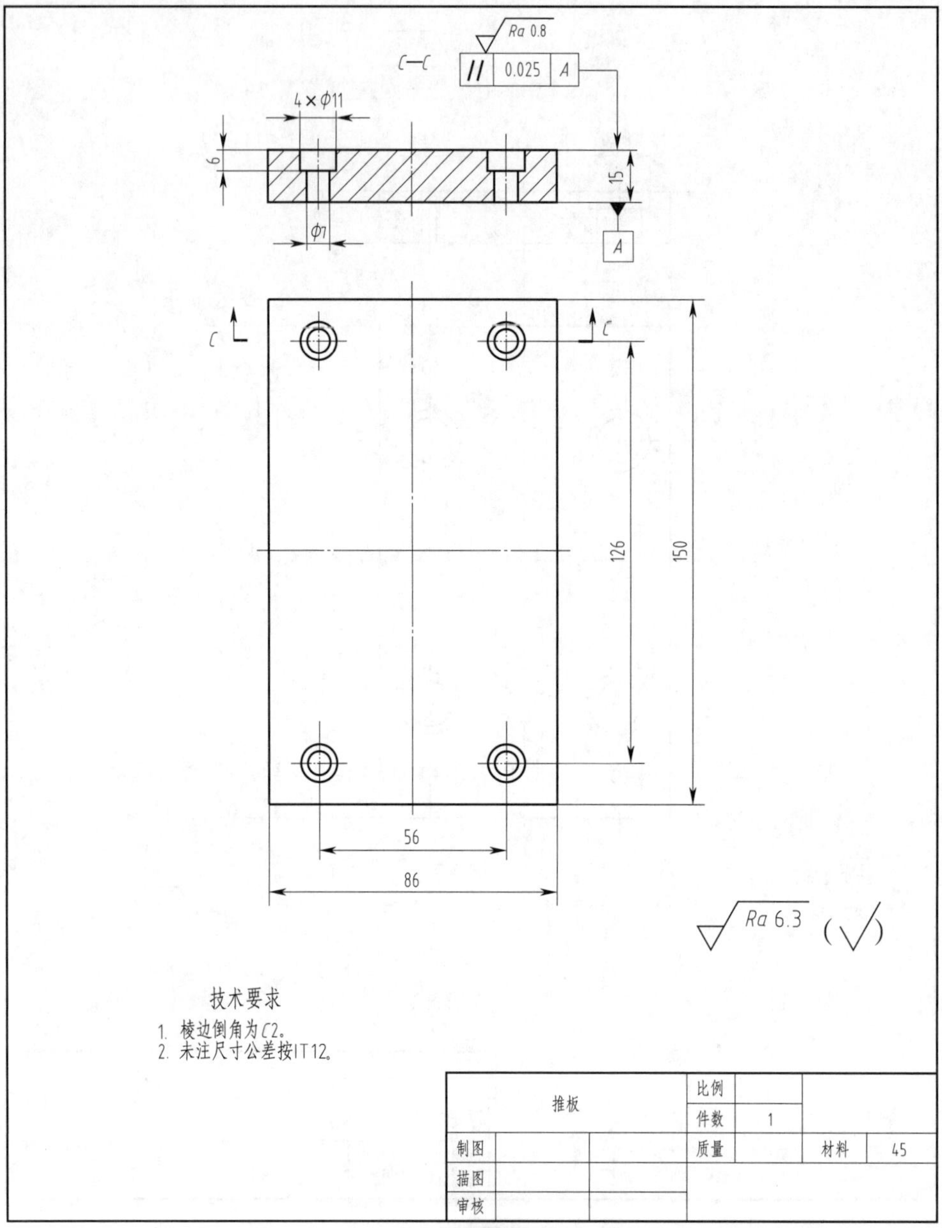

C—C

$\sqrt{Ra\ 0.8}$

//	0.025	A

4×φ11

6

15

φ7

A

C

C

126

150

56

86

$\sqrt{Ra\ 6.3}$ (√)

技术要求

1. 棱边倒角为C2。
2. 未注尺寸公差按IT12。

推板			比例			
			件数	1		
制图			质量		材料	45
描图						
审核						

图 5-6　推板

生产派工单（表 5–1）

表 5–1　　　　　　　　　　　　　　生产派工单

单号：________　开单部门：______________　开单人：_______

开单时间：_______年___月___日___时___分　接单人：_____部_____小组______（签名）

<table>
<tr><td colspan="4">以下由开单人填写</td></tr>
<tr><td>产品名称</td><td>推出机构</td><td>完成工时</td><td></td></tr>
<tr><td>产品技术要求</td><td colspan="3">按图样加工，满足使用功能要求</td></tr>
<tr><td colspan="4">以下由接单人和确认方填写</td></tr>
<tr><td>领取材料
（含消耗品）</td><td></td><td rowspan="2">成本
核算</td><td rowspan="2">金额合计：

仓管员（签名）
年　月　日</td></tr>
<tr><td>领用工具</td><td></td></tr>
<tr><td>操作者
检测</td><td colspan="2"></td><td>（签名）

年　月　日</td></tr>
<tr><td>班组
检测</td><td colspan="2"></td><td>（签名）

年　月　日</td></tr>
<tr><td>质检员
检测</td><td colspan="2">□合格　□不良　□返修　□报废</td><td>（签名）

年　月　日</td></tr>
</table>

工作流程与活动

1．接受工作任务、明确工作要求（2 学时）

2．推出机构的加工（16 学时）

3．工作总结、成果展示与经验交流（2 学时）

学习活动1　接受工作任务、明确工作要求

学习目标

1. 能主动接受工作任务，明确工作要求。
2. 能说出常用推出机构类型及工作原理。
3. 能说出推出机构中各零件的作用。
4. 能在工作中应用专业术语进行交流。

建议学时：2学时。

学习过程

1．分析推出机构的组成示意图（图5–7），填写表5–2。

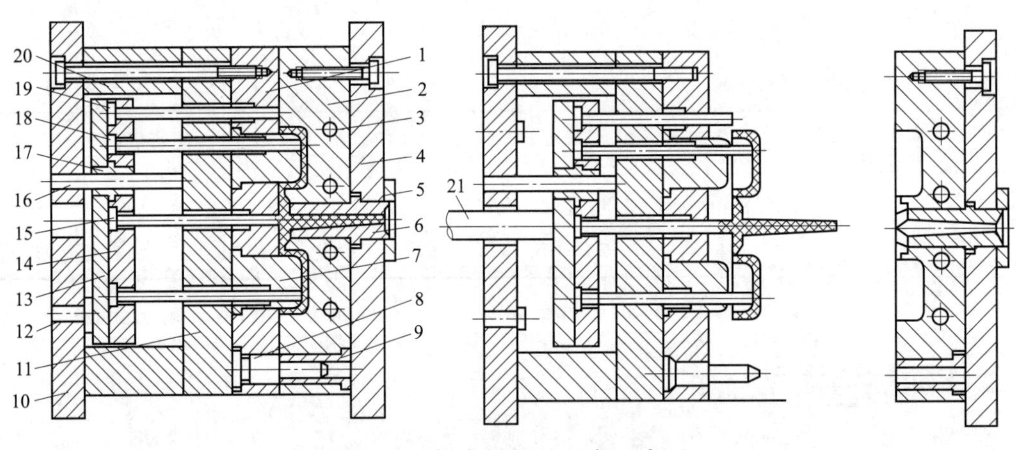

图5–7　推出机构的组成示意图

表5–2　推出机构零件

零件名称	序号	零件作用	材质	热处理要求
顶杆				
推杆				

续表

零件名称	序号	零件作用	材质	热处理要求
推杆固定板				
推板				
推板导柱				
推板导套				

2．识读塑料碗塑料成型模装配图，列出该模具的推出机构包含的零件。

3．常见的塑料成型模推出机构：推杆推出机构、推板推出机构、推管推出机构、利用成型零件推出机构、联合推出机构等。查阅相关资料，了解这些机构的工作原理。

（1）推板推出机构（图 5–8）

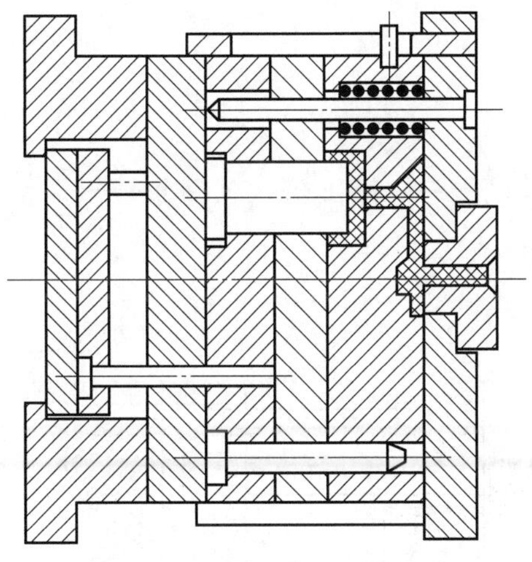

图 5–8　推板推出机构示意图

1）适用场合

2）工作原理

（2）分析图 5-9，回答问题。

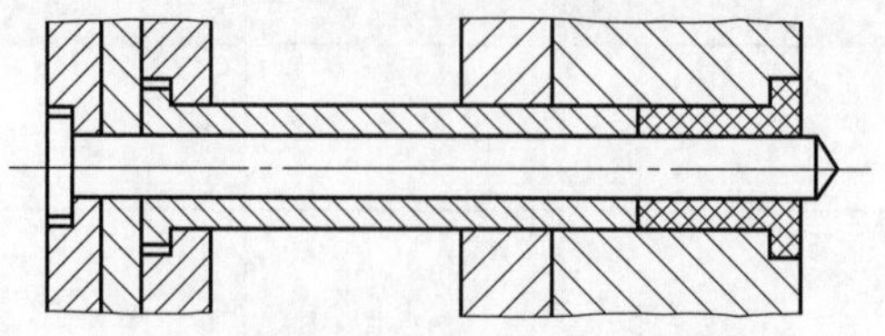

图 5-9　某常见推出机构示意图

1）推出机构类型

2）适用场合

3）特点

4．塑料成型模的推出机构，一般都设置在动模一侧，说说这样设置的原因。

5．推出工作完成后，在合模过程中，推出机构要回到推出以前的原始位置，这就叫复位。结合图 5-10，回答问题。

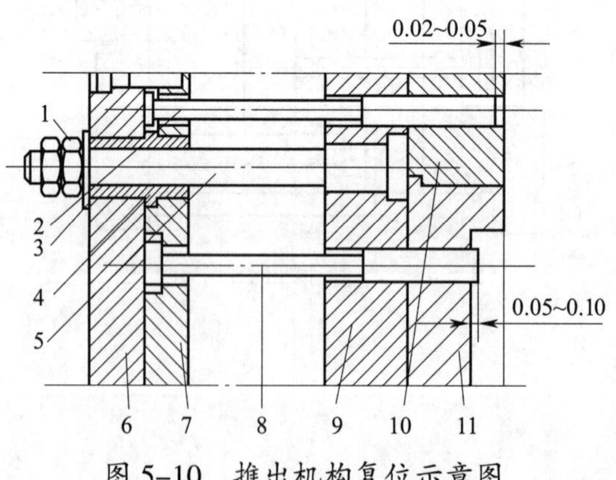

图 5-10　推出机构复位示意图

（1）顶杆序号

（2）复位终了时推杆顶端和顶杆应在型腔什么位置?

6．通过对推出机构原理的学习，根据工作任务，明确工作要求，制订工作计划，填写表 5–3。

表 5–3　　工作计划

序号	开始时间	结束时间	工作内容	工作要求	备注

评价与分析

学习活动过程评价表

<table>
<tr><td>班级</td><td></td><td>姓名</td><td></td><td>学号</td><td></td><td>日期</td><td colspan="2">年　月　日</td></tr>
<tr><td>序号</td><td colspan="2">评价内容和描述</td><td colspan="3">评价细则</td><td>配分</td><td>得分</td><td>总评</td></tr>
<tr><td>1</td><td colspan="2">能说出常用推出机构类型</td><td colspan="3">说出 4 种及以上得 10 分，说出 2 ~ 3 种得 5 分，说出一种得 1 分</td><td>10</td><td></td><td rowspan="5">A □
（86 ~ 100 分）
B □
（76 ~ 85 分）
C □
（60 ~ 75 分）</td></tr>
<tr><td>2</td><td colspan="2">能说出常用推出机构工作原理</td><td colspan="3">一处不完整或不准确扣 5 分</td><td>15</td><td></td></tr>
<tr><td>3</td><td colspan="2">能说出塑料碗塑料成型模推出机构包含的零件名称</td><td colspan="3">一处不完整或不准确扣 5 分</td><td>15</td><td></td></tr>
<tr><td>4</td><td colspan="2">能说出推出机构中各零件的作用</td><td colspan="3">一处不完整或不准确扣 5 分</td><td>20</td><td></td></tr>
<tr><td>5</td><td colspan="2">能明确工作任务要求，并收集相关资料，制订工作计划</td><td colspan="3">制订的工作计划一处不合理扣 5 分</td><td>30</td><td></td></tr>
</table>

续表

序号	评价内容和描述	评价细则	配分	得分	总评
6	能积极参与小组讨论，运用专业术语与他人交流（小组长对成员打分）	参与积极性高，合作意识好得 10 分；参与积极性一般，合作意识一般得 5 分；参与积极性差，合作意识差得 1 分	10		D □（60 分以下）
小结建议					

学习活动 2　推出机构的加工

学习目标

1. 能正确分析推出机构零件图样、配合关系及技术要求。

2. 能根据推出机构特点确定加工步骤。

3. 能根据加工步骤确定加工方法及注意事项。

4. 能正确加工推出机构零件。

5. 能正确修配垫块，修配顶杆台阶高度与推杆固定板的台阶孔深度，修配顶杆长度。

6. 能选择合理检测方法检测推出机构零件的质量。

7. 能在工作现场执行 7S 管理规定。

建议学时：16 学时。

学习过程

1．加工推料板

分析推料板零件图样，编写推料板数控车削加工工艺卡和数控车床加工程序，完成推料板的加工。

（1）推料板的基准应如何选取?

（2）推料板与型芯选用什么配合形式？推料板厚度应怎样留修配余量?

（3）在数控车床上加工推料板中间孔时，应怎样装夹和校正?

（4）确定加工推料板的车刀规格型号，绘制刀具草图。

（5）编制推料板的加工工艺路线。

（6）确定车削推料板的切削用量。

（7）编写推料板数控车削加工工艺卡（表 5–4）。

表 5–4　　推料板数控车削加工工艺卡

单位名称		产品名称	零件名称		零件图号	
工序	程序编号	夹具名称	设备		车间	
工步	工步内容	刀具规格 / mm	主轴转速 /（r/min）	进给速度 /（mm/min）	背吃刀量 / mm	备注

（8）编写推料板数控车床加工程序。

2．加工动模板

分析动模板零件图样，编写动模板车削加工工艺卡和数控车床加工程序，完成动模板的加工。

（1）参照推料板的加工，写出动模板的加工步骤，并确定基准，选定刀具。

（2）编写动模板数控车削加工工艺卡（表 5–5）。

表 5–5　　动模板数控车削加工工艺卡

<table>
<tr><td rowspan="2">单位名称</td><td rowspan="2"></td><td>产品名称</td><td colspan="2">零件名称</td><td colspan="2">零件图号</td></tr>
<tr><td></td><td colspan="2"></td><td colspan="2"></td></tr>
<tr><td>工序</td><td>程序编号</td><td>夹具名称</td><td colspan="2">设备</td><td colspan="2">车间</td></tr>
<tr><td></td><td></td><td></td><td colspan="2"></td><td colspan="2"></td></tr>
<tr><td>工步</td><td>工步内容</td><td>刀具规格 / mm</td><td>主轴转速 /（r/min）</td><td>进给速度 /（mm/min）</td><td>背吃刀量 / mm</td><td>备注</td></tr>
<tr><td></td><td></td><td></td><td></td><td></td><td></td><td></td></tr>
<tr><td></td><td></td><td></td><td></td><td></td><td></td><td></td></tr>
<tr><td></td><td></td><td></td><td></td><td></td><td></td><td></td></tr>
<tr><td></td><td></td><td></td><td></td><td></td><td></td><td></td></tr>
<tr><td></td><td></td><td></td><td></td><td></td><td></td><td></td></tr>
<tr><td></td><td></td><td></td><td></td><td></td><td></td><td></td></tr>
<tr><td></td><td></td><td></td><td></td><td></td><td></td><td></td></tr>
<tr><td></td><td></td><td></td><td></td><td></td><td></td><td></td></tr>
<tr><td></td><td></td><td></td><td></td><td></td><td></td><td></td></tr>
<tr><td></td><td></td><td></td><td></td><td></td><td></td><td></td></tr>
<tr><td></td><td></td><td></td><td></td><td></td><td></td><td></td></tr>
<tr><td></td><td></td><td></td><td></td><td></td><td></td><td></td></tr>
<tr><td></td><td></td><td></td><td></td><td></td><td></td><td></td></tr>
</table>

（3）编写动模板数控车床加工程序。

3．小组讨论

如果推料板与定模板配合加工，怎样制定加工工艺？

4．修配垫块

应采用什么加工工艺措施保证垫块工作面平行度误差不大于 0.02 mm，且左、右垫块等高？

5．修配顶杆台阶高度与推杆固定板的台阶孔深度，此两者分别有什么要求？为什么？

6．修配顶杆长度

（1）顶杆长度与模具中哪些零件有关？

（2）顶杆长度有什么要求？

（3）制定修配顶杆工艺方法。

7．零件的加工质量检测

（1）推料板的加工质量检测

推料板加工质量检测项目有哪些？把相应的技术要求、检测方法及检测结果填入表 5–6。

表 5–6　推料板加工质量检测

序号	检测项目	技术要求	检测方法	检测结果

（2）动模板的加工质量检测

动模板加工质量检测项目有哪些？把相应的技术要求、检测方法及检测结果填入表 5–7。

表 5–7　动模板加工质量检测

序号	检测项目	技术要求	检测方法	检测结果

续表

序号	检测项目	技术要求	检测方法	检测结果

评价与分析

学习活动过程评价表

班级		姓名		学号		日期	年 月 日	
序号	评价内容和描述		评价细则			配分	得分	总评
1	能说出推出机构零件的配合关系及技术要求		一处不完整或不准确扣 2 分			6		A □ （86 ~ 100 分） B □ （76 ~ 85 分） C □ （60 ~ 75 分）
2	能根据推出机构零件间的配合关系，合理选择刀具和切削用量		一处不合理扣 2 分			6		
3	能制定推出机构推料板数控车削加工工艺卡		一处不正确扣 1 分			5		
4	能编写推出机构推料板的数控车床加工程序		一处不正确扣 2 分			10		
5	能规范操作数控车床完成推料板加工		不能规范完成不得分			10		
6	能制定推出机构动模板数控车削加工工艺卡		一处不正确扣 1 分			5		
7	能编写推出机构动模板的数控车床加工程序		一处不正确扣 2 分			10		
8	能规范操作数控车床完成动模板加工		不能规范完成不得分			10		
9	能正确修配垫块		一处不正确扣 2 分			6		
10	能正确修配顶杆台阶高度与推杆固定板的台阶孔深度		一处不正确扣 2 分			6		

续表

序号	评价内容和描述	评价细则	配分	得分	总评
11	能正确修配顶杆长度	一处不正确扣 2 分	6		D □ （60 分以下）
12	能正确检测推出机构的加工质量	一处不正确扣 2 分	10		
13	能在工作现场执行 7S 管理规定	能够执行 7S 管理规定中的 5 ～ 6 条得 5 分，能够执行 7S 管理规定中的 3 ～ 4 条得 3 分，能够执行 7S 管理规定中的 1 ～ 2 条得 1 分	5		
14	能积极参与小组讨论，运用专业术语与他人交流（小组长对成员打分）	参与积极性高，合作意识好得 5 分；参与积极性一般，合作意识一般得 3 分；参与积极性差，合作意识差得 1 分	5		
小结建议					

学习活动3　工作总结、成果展示与经验交流

学习目标

1. 能正确、规范撰写工作总结。
2. 能采用多种形式进行成果展示。
3. 能有效进行工作反馈与经验交流。

建议学时：2学时。

学习过程

一、展示与评价

把小组制作好的塑料碗塑料成型模推出机构零件先进行分组展示，再由小组推荐代表做必要的介绍。在展示的过程中，以小组为单位进行评价；评价完成后，根据其他小组成员对本小组展示成果的评价意见进行归纳总结。完成如下项目：

1．展示的产品符合技术标准吗？

符合□　　不符合□　　可返修□　　直接报废□

2．与其他小组相比，你认为本小组的产品工艺如何？

工艺优化□　　工艺合理□　　工艺一般□

3．本小组介绍成果表达是否清晰？

很好□　　一般，常补充□　　不清晰□

4．本小组演示产品检测方法操作正确吗？

正确□　　部分正确□　　不正确□

5．本小组演示操作时遵循7S管理规定了吗？

遵循了□　　部分遵循□　　没有遵循□

6．本小组成员的团队创新精神如何？

良好□　　一般□　　不足□

7．总结本次任务是否达到学习目标。如果没有达到学习目标，分析并写出哪部分内容没有学好，然后返回到相应处补充学习。

二、教师评价

对各小组的展示过程及推出机构零件加工质量进行点评，对不足的地方提出改进方法。

三、综合评价

学习任务五评价表

班级：＿＿＿＿＿＿ 姓名：＿＿＿＿＿＿ 学号：＿＿＿＿＿＿

<table>
<tr><th rowspan="3">项目</th><th colspan="3">自我评价</th><th colspan="3">小组评价</th><th colspan="3">教师评价</th></tr>
<tr><th>10 ~ 9</th><th>8 ~ 6</th><th>5 ~ 1</th><th>10 ~ 9</th><th>8 ~ 6</th><th>5 ~ 1</th><th>10 ~ 9</th><th>8 ~ 6</th><th>5 ~ 1</th></tr>
<tr><th colspan="3">占总评 10%</th><th colspan="3">占总评 30%</th><th colspan="3">占总评 60%</th></tr>
<tr><td>学习活动 1</td><td></td><td></td><td></td><td></td><td></td><td></td><td></td><td></td><td></td></tr>
<tr><td>学习活动 2</td><td></td><td></td><td></td><td></td><td></td><td></td><td></td><td></td><td></td></tr>
<tr><td>学习活动 3</td><td></td><td></td><td></td><td></td><td></td><td></td><td></td><td></td><td></td></tr>
<tr><td>协作精神</td><td></td><td></td><td></td><td></td><td></td><td></td><td></td><td></td><td></td></tr>
<tr><td>纪律观念</td><td></td><td></td><td></td><td></td><td></td><td></td><td></td><td></td><td></td></tr>
<tr><td>表达能力</td><td></td><td></td><td></td><td></td><td></td><td></td><td></td><td></td><td></td></tr>
<tr><td>工作态度</td><td></td><td></td><td></td><td></td><td></td><td></td><td></td><td></td><td></td></tr>
<tr><td>小计</td><td colspan="3"></td><td colspan="3"></td><td colspan="3"></td></tr>
<tr><td>总评</td><td colspan="9"></td></tr>
</table>

任课教师：＿＿＿＿＿＿　　　　＿＿＿＿年＿＿月＿＿日

世赛知识

世界技能大赛原型制作项目

原型制作项目是指根据给定的原型设计图样，使用三维 CAD 软件进行原型三维建模和局部自由设计，并生成工程图；按照工程图的要求使用指定的材料，运用普通车削、普通铣削、数控铣削、3D 打印、手工等工艺方法制作模型，并对模型进行表面处理和喷涂装饰的竞赛项目。比赛中对选手的技能要求主要包括：工作的组织及管理能力、制图能力、原型设计能力、原型制作能力、原型喷涂和装饰能力。该项目奖牌榜见表 5-8。

表 5–8　奖牌榜

赛事	金牌	银牌	铜牌
第 43 届世界技能大赛	韩国	日本	瑞士 印度尼西亚
第 44 届世界技能大赛	中国	韩国 印度尼西亚	印度
第 45 届世界技能大赛	俄罗斯	韩国	日本

学习任务六　塑料碗塑料成型模装配

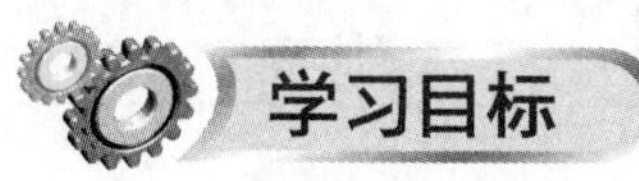

1. 能根据模具装配图要求分析模具装配技术要求，完成装配工艺卡的填写，明确装配步骤。

2. 能根据装配要求，选择适合的装配方法完成模具装配，达到装配要求。

3. 能根据模具装配要求，确定模具中需要检测的位置，对塑料碗塑料成型模进行检测和调整。

4. 能在工作过程中严格执行企业操作规范、安全生产制度、环保管理制度以及 7S 管理规定，严格遵守从业人员的职业道德，具有吃苦耐劳、爱岗敬业的工作态度和职业责任感。

5. 能与班组长、工具管理员等相关人员进行有效的沟通与合作。

6. 能主动展示并汇报工作成果，对工作过程中出现的问题进行反思和总结，从而优化方案和策略，并具备知识迁移能力。

20 学时。

工作情景描述

塑料碗塑料成型模的主要成型零件加工完成后，需要进行装配。模具车间生产调度将装配派工单下发给模具工，模具工根据模具装配图和装配技术要求，编制合理的模具装配工艺卡并组织实施，完成模具装配、检测和调整，为试模做好准备。

零件图

定位圈、浇口套、导套、导柱、衬套、定模座板、限位钉、聚氨酯橡胶圈分别见图 6-1 至图 6-8。

2×φ14
φ9
φ30 +0.1 0
30°
8
5
5
15
φ36
70
φ100 -0.1 -0.2
技术要求
1. 未注倒角为C1。
2. 未注尺寸公差按IT12。
Ra 6.3
定位圈
比例
件数
1
制图
质量
材料
Q235
描图
审核

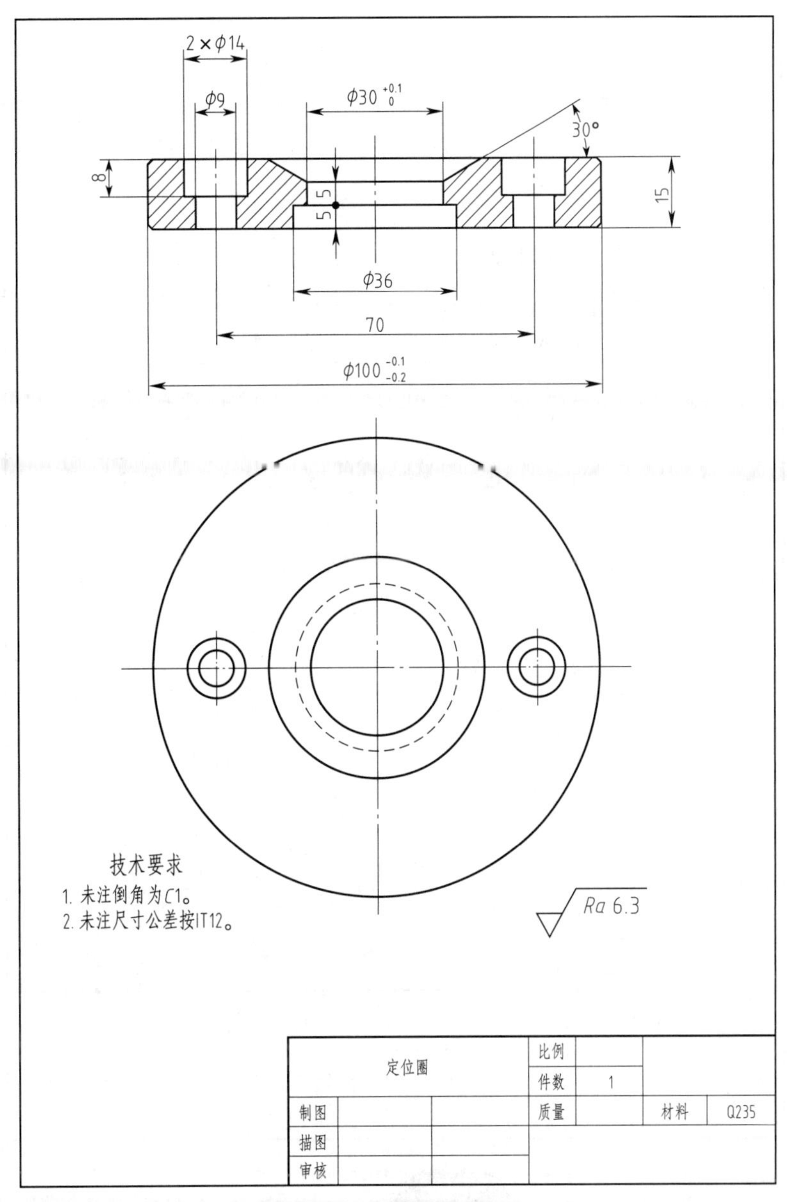

图 6–1　定位圈

61.5
Ra 0.8
Ra 0.8
φ12m6 (+0.018 +0.007)
7
SR11
φ35
φ30 0 -0.1
φ4
3°
不允许倒角
不允许倒角
5 0 -0.1
51.5(配作)
Ra 6.3 (√)
技术要求
1. 淬火后硬度为53~57HRC。
2. 未注尺寸公差按IT12。
浇口套
比例
件数
1
制图
质量
材料
T8
描图
审核

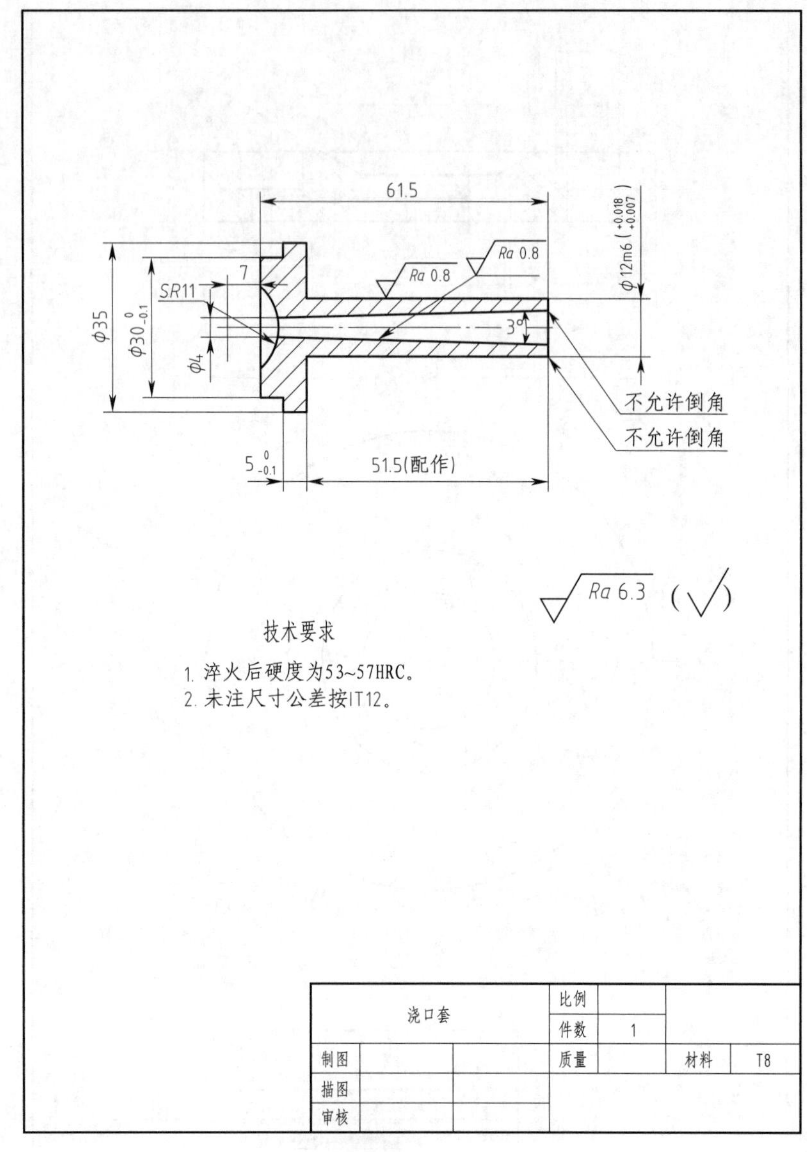

图 6–2　浇口套

◎ φ0.015 A
A
R1
Ra 0.8
R1
Ra 0.8
R1
φ20m6(+0.021/+0.008)
φ25
2×0.5
5 0/-0.01
50
φ14H7(+0.018/0)
Ra 6.3 (√)
技术要求
1. 淬火后硬度为50~55HRC。
2. 未注尺寸公差按IT12。
导套
比例
件数
1
制图
质量
材料
T8
描图
审核

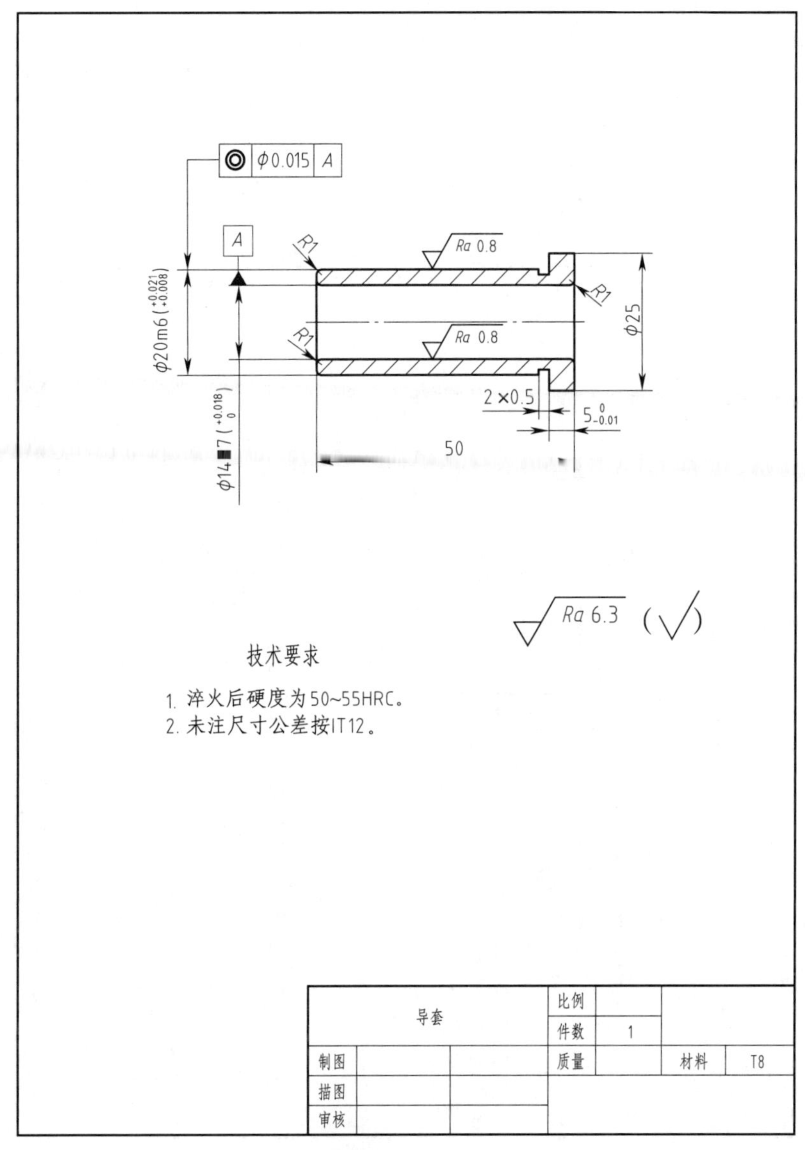

图 6-3　导套

◎ φ0.015 A
R3
R1
Ra 0.4
φ14m6(+0.018 +0.007)
Ra 0.8
φ20
2×0.5
I
16
16
16
A
5 0 -0.1
30
98
φ14f6(-0.016 -0.027)
I
2:1
φ2
C0.5
60°
4
6.5
Ra 6.3 (√)
技术要求
1. 淬火后硬度为50~55HRC。
2. 未注尺寸公差按IT12。
导柱
比例
件数
1
制图
质量
材料
T8
描图
审核

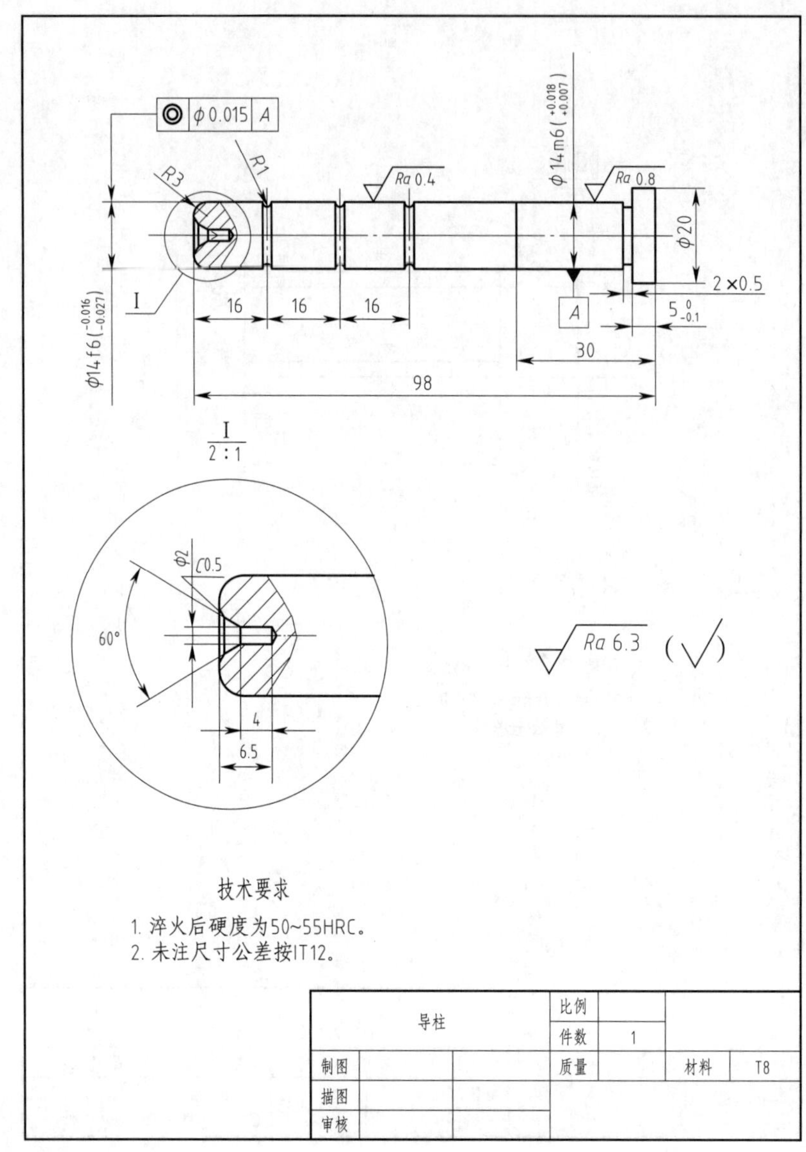

图 6-4　导柱

◎ ϕ0.015 A
Ra 0.8
Ra 0.8
5
5
R1
R1
ϕ14H7 ($^{+0.018}_{0}$)
ϕ20m6 ($^{+0.021}_{+0.008}$)
ϕ19
A
20
Ra 6.3 (√)
技术要求
1. 淬火后硬度为50~55HRC。
2. 未注尺寸公差按IT12。
衬套
比例
件数 1
制图
质量
材料 T8
描图
审核

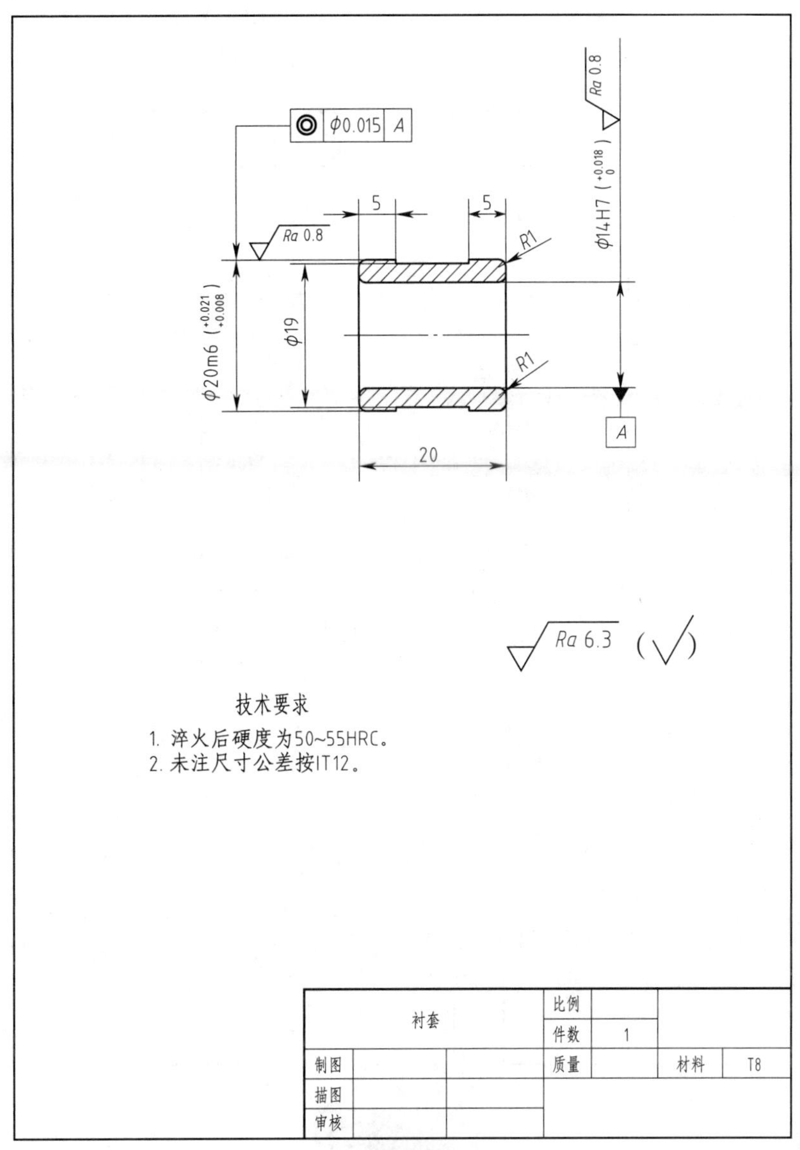

图 6-5　衬套

A—A
6×φ17
Ra 0.8
Ra 0.8
// 0.025 A
10
25
Ra 0.8
φ11
A
70
φ12$^{+0.1}_{0}$
2×M8
60
120
150
120
200
技术要求
1. 棱边倒角为C2。
2. 未注尺寸公差按IT12。
Ra 6.3 (√)
定模座板
比例
件数 1
制图
质量
材料 Q235
描图
审核

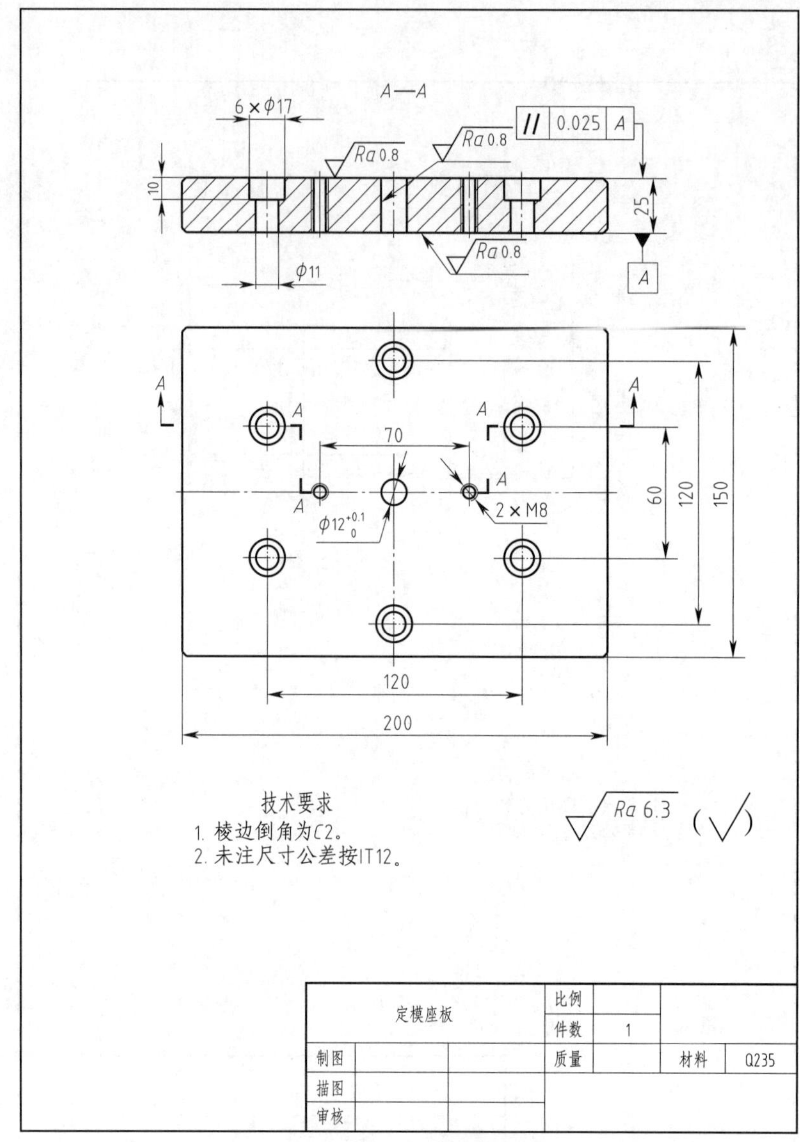

图 6–6　定模座板

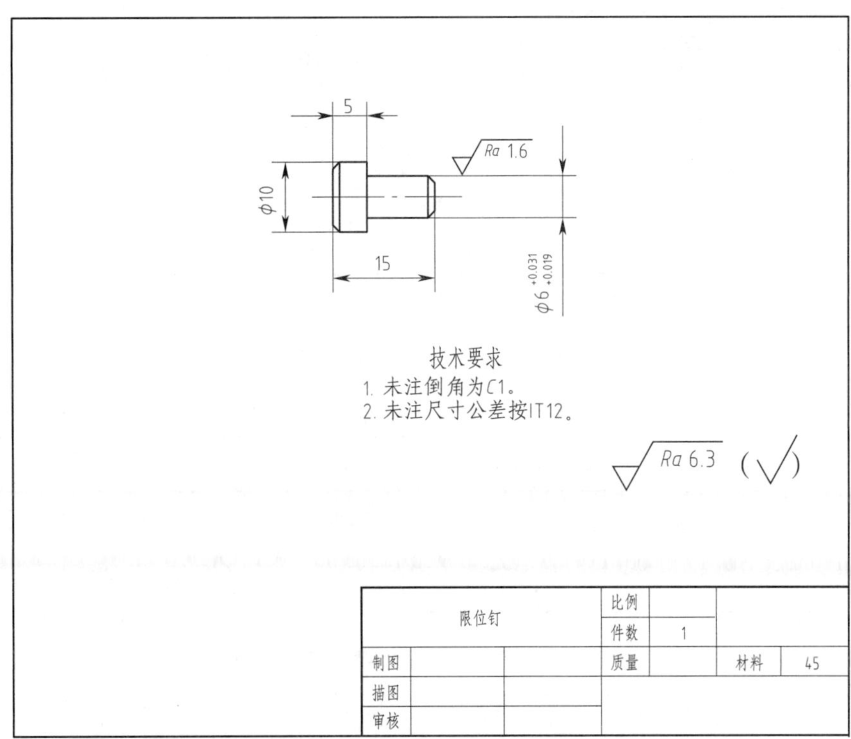

图 6–7　限位钉

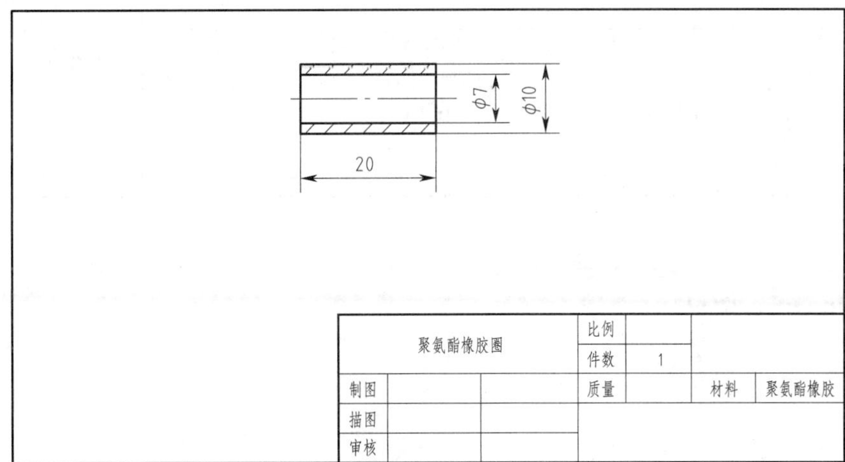

图 6–8　聚氨酯橡胶圈

生产派工单（表 6–1）

表 6–1　　　　生产派工单

单号：________ 开单部门：____________ 开单人：______
开单时间：______年___月___日___时___分 接单人：_____部_____小组______（签名）

<table>
<tr><td colspan="5">以下由开单人填写</td></tr>
<tr><td>产品名称</td><td>塑料碗塑料成型模</td><td>完成工时</td><td colspan="2"></td></tr>
<tr><td>产品技术要求</td><td colspan="4">按图样进行装配，达到装配技术要求，满足试模条件</td></tr>
<tr><td colspan="5">以下由接单人和确认方填写</td></tr>
<tr><td>领取材料
（含消耗品）</td><td colspan="2"></td><td rowspan="2">成本
核算</td><td rowspan="2">金额合计：

仓管员（签名）
年　月　日</td></tr>
<tr><td>领用工具</td><td colspan="2"></td></tr>
<tr><td>操作者
检测</td><td colspan="2"></td><td colspan="2">（签名）

年　月　日</td></tr>
<tr><td>班组
检测</td><td colspan="2"></td><td colspan="2">（签名）

年　月　日</td></tr>
<tr><td>质检员
检测</td><td colspan="2">□合格　□不良　□返修　□报废</td><td colspan="2">（签名）

年　月　日</td></tr>
</table>

工作流程与活动

1．接受工作任务、明确工作要求（2 学时）

2．塑料碗塑料成型模装配（16 学时）

3．工作总结、成果展示与经验交流（2 学时）

学习活动1　接受工作任务、明确工作要求

学习目标

1. 能说出塑料成型模装配的内容及工艺过程。

2. 能说出塑料成型模装配场地的安全要求。

3. 能明确工作任务要求，并收集相关资料，制订工作计划。

4. 能在工作中应用专业术语进行交流。

建议学时：2学时。

学习过程

1．根据所学的装配知识，并查阅相关资料，说明模具装配的定义、内容、工艺过程及可采用的组织形式。

2．查阅资料，写出塑料成型模装配场地应达到的安全要求。

3．参观塑料成型模装配车间，摘录模具装配车间管理规章制度。

4．分析本任务生产派工单中的内容，小组讨论：完成塑料碗塑料成型模装配需要准备哪些技术资料?

5．根据表 6–2 中塑料碗塑料成型模装配的工作内容，制订模具装配工作计划。

表 6–2　　　　　　　　　　　　　　　　模具装配工作计划

序号	项目名称	工作内容	第　周					第　周					第　周					负责人
			1	2	3	4	5	1	2	3	4	5	1	2	3	4	5	
1	准备阶段	研究装配图																
2		清理、检查零件																
3		准备装配工具																
4	组件装配阶段	动模装配																
5		定模装配																
6		冷却水道装配																
7	总装阶段	总装																
8	检验调整阶段	检验																
9		调整																

评价与分析

学习活动过程评价表

<table>
<tr><td>班级</td><td></td><td>姓名</td><td></td><td>学号</td><td></td><td>日期</td><td colspan="2">年　月　日</td></tr>
<tr><td>序号</td><td colspan="2">评价内容和描述</td><td colspan="3">评价细则</td><td>配分</td><td>得分</td><td>总评</td></tr>
<tr><td>1</td><td colspan="2">能说出塑料成型模装配的内容及工艺过程</td><td colspan="3">一处不完整或不准确扣 5 分</td><td>20</td><td></td><td>A □
（86 ~ 100 分）</td></tr>
<tr><td>2</td><td colspan="2">能说出塑料成型模装配场地的安全要求</td><td colspan="3">一处不完整或不准确扣 5 分</td><td>20</td><td></td><td>B □
（76 ~ 85 分）</td></tr>
<tr><td>3</td><td colspan="2">能明确工作任务要求，并收集相关资料，制订工作计划</td><td colspan="3">制订的工作计划一处不合理扣 10 分</td><td>50</td><td></td><td>C □
（60 ~ 75 分）</td></tr>
</table>

续表

序号	评价内容和描述	评价细则	配分	得分	总评
4	能积极参与小组讨论，运用专业术语与他人交流（小组长对成员打分）	参与积极性高，合作意识好得 10 分；参与积极性一般，合作意识一般得 5 分；参与积极性差，合作意识差得 1 分	10		D□ （60 分以下）
小结建议					

学习活动 2　塑料碗塑料成型模装配

学习目标

1. 能识读塑料制件图、模具装配图，明确装配技术要求。

2. 能制定模具的装配步骤，编写模具装配工艺卡。

3. 能使用工具、量具测量模具成型部件的尺寸和配合件的配合间隙。

4. 能根据装配要求，选择适合的装配方法完成模具装配，达到装配要求。

5. 能在试模前对模具进行检测、调整。

6. 能在工作现场执行 7S 管理规定。

建议学时：16 学时。

学习过程

1．仔细识读塑料碗塑料成型模装配图，查阅相关资料，回答以下问题。

（1）塑料碗塑料成型模装配时，定模组件、动模组件的装配基准件分别是什么?

（2）采用的是哪种浇口类型?

（3）型腔、型芯采用的是整体式还是镶拼式?

（4）顶出采用的是哪种形式？

（5）冷却水道采用的是哪种形式？

（6）写出以下零件配合尺寸要求。

1）导柱与导套

2）导柱与动模板

3）导套与定模板

4）型芯与推料板

5）型芯与动模板

6）浇口套与定模板镶件

7）定模板镶件与定模板

（7）塑料成型模标准模架有哪些基本类型？模架生产的工艺条件有哪些要求？

（8）假设模架需要自己加工制作，试编制模架装配工艺卡（表 6–3）。

表 6–3　　模架装配工艺卡

<table>
<tr><td colspan="2" rowspan="2">模架的装配工艺卡</td><td rowspan="4">模架
装配工艺卡</td><td>产品名称</td><td></td><td>共　页</td></tr>
<tr><td>产品型号</td><td></td><td>第　页</td></tr>
<tr><td>质量 /kg</td><td></td><td>部件图号</td><td colspan="2"></td></tr>
<tr><td>数量</td><td></td><td>部件名称</td><td colspan="2"></td></tr>
</table>

工序号	工序名称	工序内容	技术要求及注意事项	工具、量具和设备

（9）写出塑料碗塑料成型模的装配技术要求。

2．模具装配工艺规程包括：模具零件和组件的装配顺序，装配基准的确定，装配工艺方法和技术要求，装配工序的划分以及关键工序的详细说明，必备的工具和设备，检验方法和验收条件等。确定模具装配工艺规程有什么意义？

3．模具装配前的准备

（1）阅读装配图明细栏，区分定模、动模组件，将零件序号和名称、规格、数量填入表 6–4。

表 6–4　　零件清单

项目	零件序号和名称	规格	数量	备注
定模组件				
动模组件				

（2）小组成员按照上表中的零件清单清点模具零件，领用标准件，将定模组件的零部件和动模组件的零部件分类摆放。写出模具装配前的准备工作内容，并做好相应准备工作。

4．选择装配方法

根据装配图零件之间的相互关系，依据零件的测量结果，分析零部件之间的装配尺寸链，选择适合的装配方法进行装配，并简述其装配工艺过程。

（1）采用互换装配法的零部件装配工艺过程

（2）采用选择装配法的零部件装配工艺过程

（3）采用修配装配法的零部件装配工艺过程

（4）采用调整装配法的零部件装配工艺过程

5．编制塑料碗塑料成型模装配工艺卡：在教师的指导下，小组讨论并拟定组件的装配工序，确定工序内容，明确技术要求，准备好工具、量具和设备。

（1）编制定模组件装配工艺卡（表 6–5）

表 6–5　　定模组件装配工艺卡

<table>
<tr><td colspan="2" rowspan="2">定模组件装配工艺卡</td><td rowspan="4">塑料碗塑料成型模装配工艺卡</td><td>产品名称</td><td></td><td>共　页</td></tr>
<tr><td>产品型号</td><td></td><td>第　页</td></tr>
<tr><td>质量 /kg</td><td></td><td>部件图号</td><td colspan="2"></td></tr>
<tr><td>数量</td><td></td><td>部件名称</td><td colspan="2"></td></tr>
</table>

工序号	工序名称	工序内容	技术要求 及注意事项	工具、量具和设备

（2）编制动模组件装配工艺卡（表 6–6）

表 6–6　　动模组件装配工艺卡

<table>
<tr><td colspan="3" rowspan="2">动模组件装配工艺卡</td><td rowspan="4">塑料碗塑料成型模
装配工艺卡</td><td>产品名称</td><td></td><td>共　页</td></tr>
<tr><td>产品型号</td><td></td><td>第　页</td></tr>
<tr><td colspan="2">质量 /kg</td><td></td><td>部件图号</td><td colspan="2"></td></tr>
<tr><td colspan="2">数量</td><td></td><td>部件名称</td><td colspan="2"></td></tr>
<tr><td>工序号</td><td>工序名称</td><td colspan="2">工序内容</td><td colspan="2">技术要求
及注意事项</td><td>工具、量具和设备</td></tr>
<tr><td></td><td></td><td colspan="2"></td><td colspan="2"></td><td></td></tr>
<tr><td></td><td></td><td colspan="2"></td><td colspan="2"></td><td></td></tr>
<tr><td></td><td></td><td colspan="2"></td><td colspan="2"></td><td></td></tr>
<tr><td></td><td></td><td colspan="2"></td><td colspan="2"></td><td></td></tr>
<tr><td></td><td></td><td colspan="2"></td><td colspan="2"></td><td></td></tr>
<tr><td></td><td></td><td colspan="2"></td><td colspan="2"></td><td></td></tr>
<tr><td></td><td></td><td colspan="2"></td><td colspan="2"></td><td></td></tr>
<tr><td></td><td></td><td colspan="2"></td><td colspan="2"></td><td></td></tr>
<tr><td></td><td></td><td colspan="2"></td><td colspan="2"></td><td></td></tr>
<tr><td></td><td></td><td colspan="2"></td><td colspan="2"></td><td></td></tr>
</table>

（3）编制模具总装配工艺卡（表 6–7）

表 6–7　　　　　　　　　　　　　　　　模具总装配工艺卡

<table>
<tr><td colspan="2" rowspan="2">模具的总装配工艺卡</td><td rowspan="4">塑料碗塑料成型模装配工艺卡</td><td>产品名称</td><td></td><td>共　页</td></tr>
<tr><td>产品型号</td><td></td><td>第　页</td></tr>
<tr><td>质量 /kg</td><td></td><td>部件图号</td><td colspan="2"></td></tr>
<tr><td>数量</td><td></td><td>部件名称</td><td colspan="2"></td></tr>
</table>

工序号	工序名称	工序内容	技术要求 及注意事项	工具、量具和设备

6．写出以上 3 张装配工艺卡中主要工具的使用方法和安全注意事项。

7．根据编制的装配工艺卡，参考表 6–8 至表 6–10 中的装配步骤及图示进行装配，用摄像机记录装配过程，并在表 6–8 至表 6–10 中记录每个装配步骤的装配要点。

（1）定模组件装配

表 6–8　　定模组件的装配要点

装配步骤及图示	装配要点
确定装配基准：以定模板为装配基准	
装配导套和定模板镶件	
 装配定模座板	

续表

装配步骤及图示	装配要点
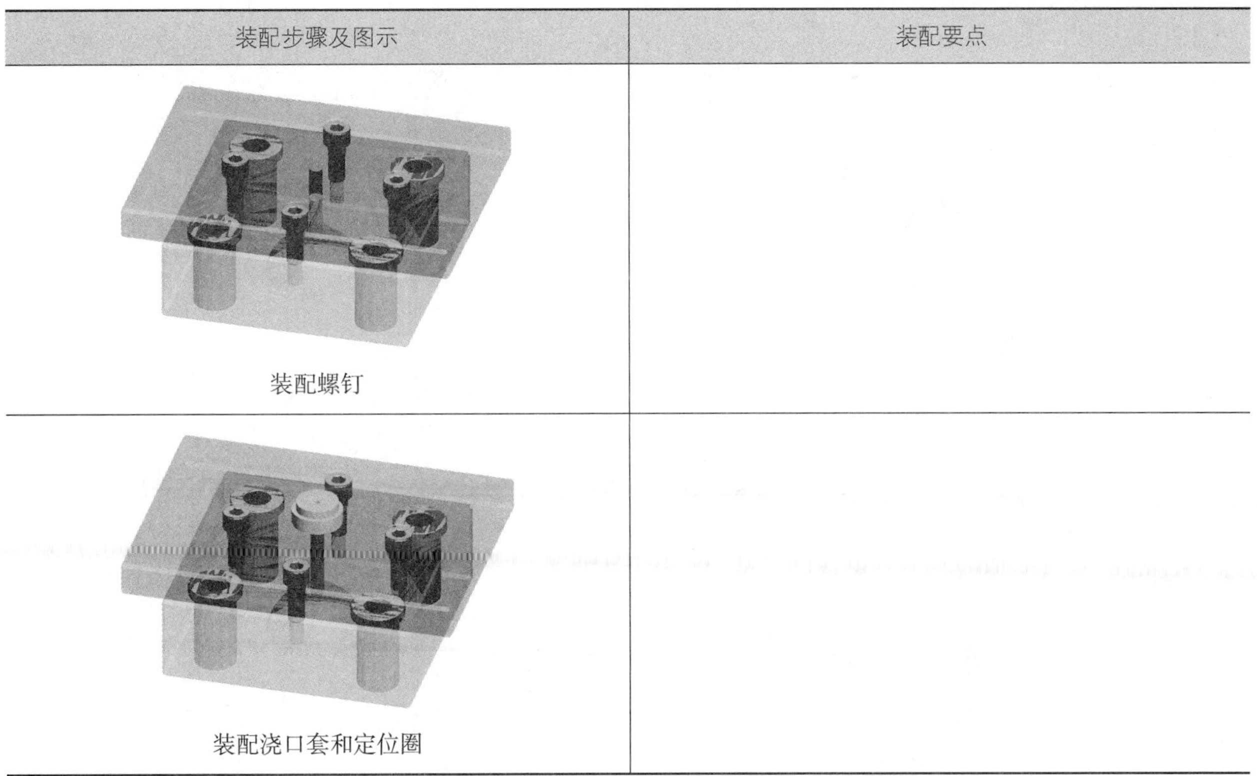 装配螺钉	
装配浇口套和定位圈	

（2）动模组件装配

表 6-9　　动模组件的装配要点

装配步骤及图示	装配要点
确定装配基准：以动模板为装配基准	
装配衬套	
装配型芯	

续表

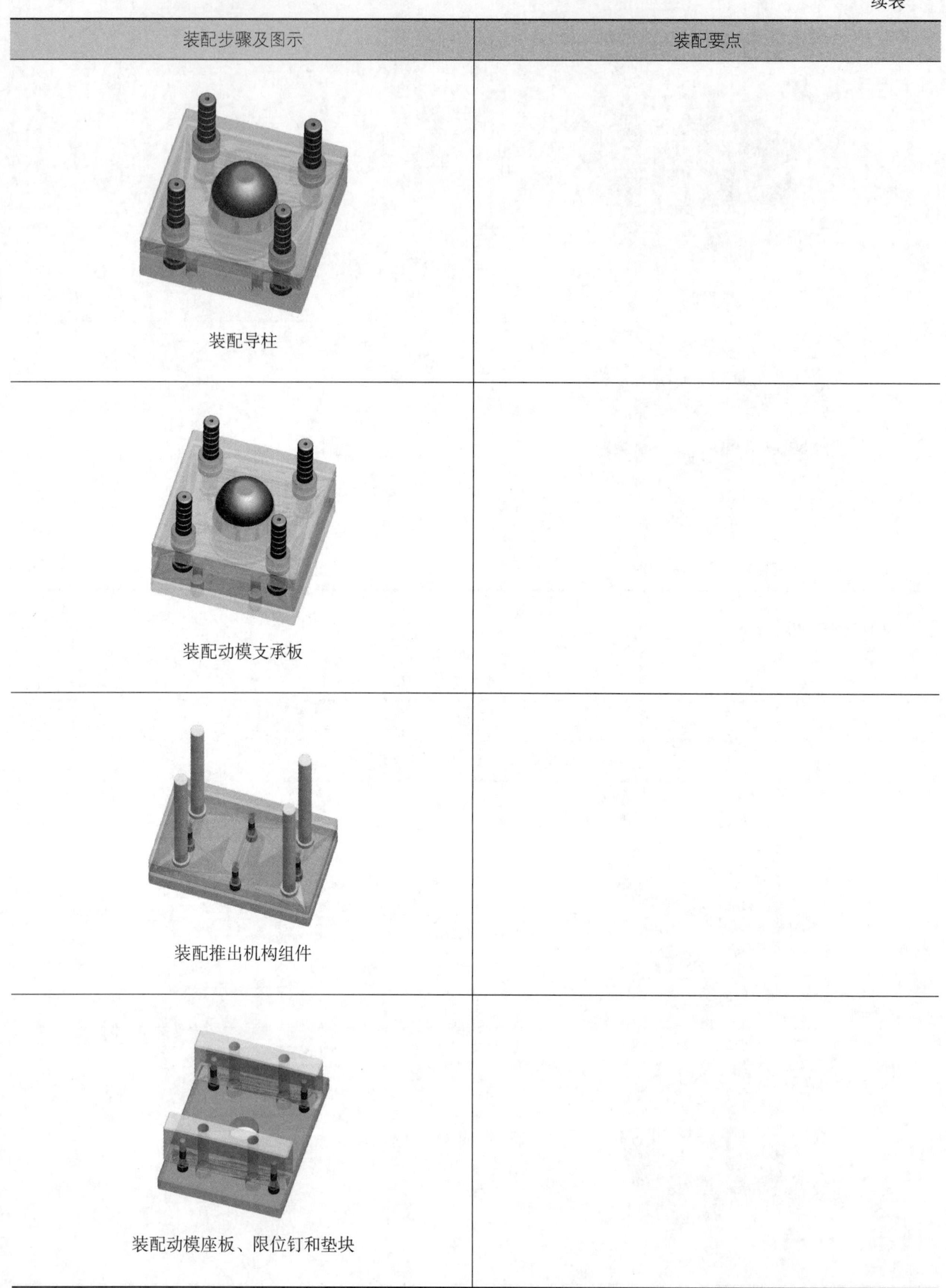

装配步骤及图示	装配要点
装配导柱	
装配动模支承板	
装配推出机构组件	
装配动模座板、限位钉和垫块	

续表

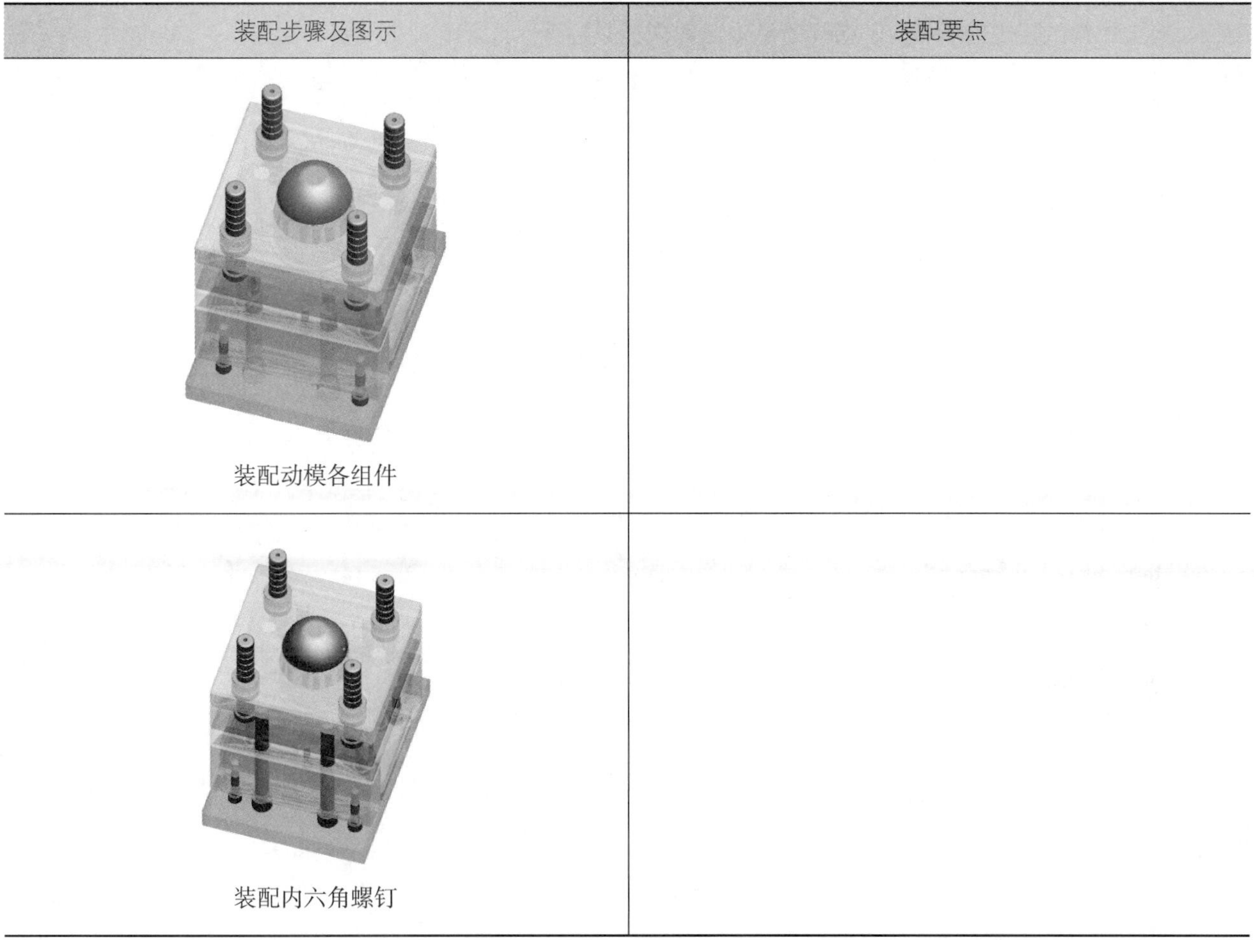

装配步骤及图示	装配要点
装配动模各组件	
装配内六角螺钉	

（3）合模以及冷却水道的安装

表 6-10　合模以及冷却水道的安装

图示	安装要点

（4）重要提示

1）必须设置吊环孔，以便模具吊装。

2）为防止动模、定模在吊装搬运过程中分开滑落，必须设置可靠的连接装置。

3）安装推料板的限位装置。

8．装配图技术要求中规定模具装配后各分型面间隙应小于塑料的溢边值。什么是塑料的溢边值？塑料碗的材料聚丙烯的溢边值是多少？塑料的溢边值对模塑成型有什么影响？查阅资料回答。

9．怎样测量塑料成型模分型面的配合间隙?

10．试模前，怎样用简易方法测量型芯与型腔间隙（制件的壁厚）?

11．冷却水道安装完毕应怎样进行测试?

12．在塑料成型模合模后、试模之前应对哪些项目进行检测?

13．小组成员对装配完毕的模具进行检查，记录存在的问题，对存在的问题进行讨论，并写出模具调整的方法和要求。

14．试模之前，按照装配技术要求对装配零件、组件进行自检和互检，确认是否可以进行试模，并填写表 6-11。

表 6-11　　自检和互检

项目		是否完成	自检（合格）	互检（合格）
零件检验	型芯			
	型腔			
	标准件			
	辅助零件			
定模组件装配	装配基准（定模板）			
	装配导套和定模板镶件			
	装配定模座板			
	装配螺钉			
	装配浇口套和定位圈			
动模组件装配	装配基准（动模板）			
	装配衬套			
	装配型芯			

续表

项目		是否完成	自检 （合格）	互检 （合格）
动模组件装配	装配导柱			
	装配动模支承板			
	装配推料板组件			
	装配动模座板、限位钉和垫块			
	装配动模各组件			
	装配内六角圆柱头螺钉			
总装配	定模、动模合模			
	冷却水道的安装			
	辅助零件的安装			
综合评价是否可以试模				

评价与分析

学习活动过程评价表

班级		姓名		学号		日期	年 月 日
序号	评价内容和描述	评价细则			配分	得分	总评
1	能说出塑料碗塑料成型模装配技术要求	一处不完整或不准确扣 5 分			10		A □ （86 ~ 100 分） B □ （76 ~ 85 分）
2	能正确编制模具装配工艺卡	一处不正确扣 5 分			20		
3	能选择合适的装配方法装配模具	不合适不得分			10		
4	能在试模前规范完成对塑料碗塑料成型模的检测	不能规范完成不得分			20		

续表

序号	评价内容和描述	评价细则	配分	得分	总评
5	能在试模前规范完成对塑料碗塑料成型模的调整	不能规范完成不得分	10		C□ （60 ~ 75 分） D□ （60 分以下）
6	模具装配后能满足试模要求	不能满足不得分	10		
7	能在工作现场执行 7S 管理规定	能够执行 7S 管理规定中的 5 ~ 6 条得 10 分，能够执行 7S 管理规定中的 3 ~ 4 条得 5 分，能够执行 7S 管理规定中的 1 ~ 2 条得 1 分	10		
8	能积极参与小组讨论，运用专业术语与他人交流（小组长对成员打分）	参与积极性高，合作意识好得 10 分；参与积极性一般，合作意识一般得 5 分；参与积极性差，合作意识差得 1 分	10		
小结建议					

学习活动3　工作总结、成果展示与经验交流

学习目标

1. 能正确、规范撰写工作总结。
2. 能采用多种形式进行成果展示。
3. 能有效进行工作反馈与经验交流。

建议学时：2学时。

学习过程

一、展示与评价

把小组装配好的塑料碗塑料成型模先进行分组展示，再由小组推荐代表做必要的介绍。在展示的过程中，以小组为单位进行评价；评价完成后，根据其他小组成员对本小组展示成果的评价意见进行归纳总结。完成如下项目：

1．展示的产品符合技术标准吗?

符合□　　不符合□　　可返修□　　直接报废□

2．与其他小组相比，你认为本小组的产品工艺如何?

工艺优化□　　工艺合理□　　工艺一般□

3．本小组介绍成果表达是否清晰?

很好□　　一般，常补充□　　不清晰□

4．本小组演示产品检测方法操作正确吗?

正确□　　部分正确□　　不正确□

5．本小组演示操作时遵循7S管理规定了吗?

遵循了□　　部分遵循□　　完全没有遵循□

6．本小组成员的团队创新精神如何?

良好□　　一般□　　不足□

7．总结本次任务是否达到学习目标。如果没有达到学习目标，分析并写出哪部分内容没有学好，然后返回到相应处补充学习。

二、教师评价

对各小组的展示过程及模具的装配质量进行点评，对不足的地方提出改进方法。

三、综合评价

学习任务六评价表

班级：______________ 姓名：______________ 学号：______________

项目	自我评价			小组评价			教师评价		
	10 ~ 9	8 ~ 6	5 ~ 1	10 ~ 9	8 ~ 6	5 ~ 1	10 ~ 9	8 ~ 6	5 ~ 1
	占总评 10%			占总评 30%			占总评 60%		
学习活动 1									
学习活动 2									
学习活动 3									
协作精神									
纪律观念									
表达能力									
工作态度									
小计									
总评									

任课教师：______________ ________年____月____日

学习任务七　塑料碗塑料成型模试模与修模

学习目标

1. 能查阅有关塑料成型模的资料，根据塑料制件和模具编制注射成型工艺卡。

2. 能正确操作注塑机，调整成型工艺参数，达到生产要求。

3. 能根据塑料制件图样要求，检验制件质量。

4. 能根据试模制件质量问题，制定修模工艺。

5. 能选择合适的工具，确定最为合理的修模方法，完成修模工作。

6. 能对注塑机、模具进行维护保养。

7. 能在工作过程中严格执行企业操作规范、安全生产制度、环保管理制度以及7S管理规定，严格遵守从业人员的职业道德，具有吃苦耐劳、爱岗敬业的工作态度和职业责任感。

8. 能与班组长、工具管理员等相关人员进行有效的沟通与合作。

9. 能主动展示并汇报工作成果，对工作过程中出现的问题进行反思和总结，从而优化方案和策略，并具备知识迁移能力。

建议学时

10学时。

工作情景描述

模具装配完成后，安装到指定的注塑机上，根据注射成型工艺卡，结合制件的图样要求，按照注塑机的操作规程操作注塑机，调整注射成型工艺参数，直至得到合格制件。试模后，如果制件出现质量问题，应分析制件质量，按照检测和分析结果修模；修模后再试模，直至正常生产得到合格制件。试模结束，对模具进行保养后入库；按工作现场管理规范打扫场地，归置物品；按环保要求处理加工废屑、废液。

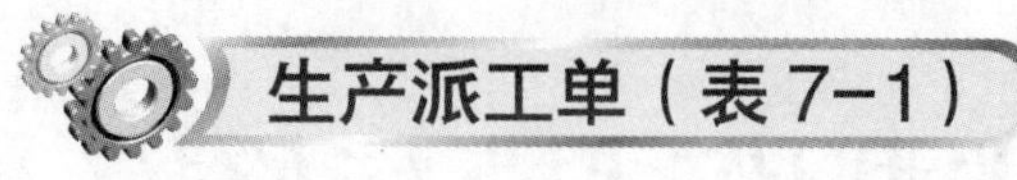

生产派工单（表 7-1）

表 7-1　　　　　　　　　　　　生产派工单

单号：______　开单部门：__________　开单人：______

开单时间：_____年 __月 __日 __时 __分　接单人：_____部 _____小组 _______（签名）

<table>
<tr><td colspan="5">以下由开单人填写</td></tr>
<tr><td>产品名称</td><td>塑料碗</td><td>完成工时</td><td colspan="2"></td></tr>
<tr><td>产品技术要求</td><td colspan="4">完成塑料碗塑料成型模试模与修模，生产合格塑料制件，达到模具验收要求</td></tr>
<tr><td colspan="5">以下由接单人和确认方填写</td></tr>
<tr><td>领取材料（含消耗品）</td><td colspan="2"></td><td rowspan="2">成本核算</td><td rowspan="2">金额合计：
仓管员（签名）
年 月 日</td></tr>
<tr><td>领用工具</td><td colspan="2"></td></tr>
<tr><td>操作者检测</td><td colspan="2"></td><td colspan="2">（签名）
年 月 日</td></tr>
<tr><td>班组检测</td><td colspan="2"></td><td colspan="2">（签名）
年 月 日</td></tr>
<tr><td>质检员检测</td><td colspan="2">□合格　□不良　□返修　□报废</td><td colspan="2">（签名）
年 月 日</td></tr>
</table>

工作流程与活动

1．接受工作任务、明确工作要求（1 学时）

2．注塑机的操作与维护保养（2 学时）

3．试模（3 学时）

4．修模（3 学时）

5．工作总结、成果展示与经验交流（1 学时）

学习活动 1　接受工作任务、明确工作要求

学习目标

1. 能主动接受工作任务，明确任务要求。
2. 能根据试模与修模的工作任务制订工作计划。
3. 能在工作中应用专业术语进行交流。

建议学时：1 学时。

学习过程

1．模具装配完成后必须进行试模，简述塑料成型模试模的目的和要求。

2．查阅资料，写出塑料碗塑料成型模试模前应准备的技术资料。

3．查阅资料，写出塑料碗塑料成型模试模的工作过程。

4．根据表 7–2 中的试模、修模工作内容，制订试模、修模工作计划。

表 7–2　试模、修模工作计划

序号	项目名称	工作内容	第　周					第　周					第　周					负责人
			1	2	3	4	5	1	2	3	4	5	1	2	3	4	5	
1	试模准备阶段	技术资料的收集																
2		检查模具																
3		试模工具的准备																
4	试模阶段	塑料原料准备																
5		注塑机点检																
6		模具安装																
7		工艺参数调整																
8		试机操作																
9		制件的检验																
10	修模阶段	技术资料的收集																
11		修模																
12	模具验收	验收入库																

评价与分析

学习活动过程评价表

<table>
<tr><td>班级</td><td></td><td>姓名</td><td></td><td>学号</td><td></td><td>日期</td><td colspan="2">年　月　日</td></tr>
<tr><td>序号</td><td colspan="2">评价内容和描述</td><td colspan="3">评价细则</td><td>配分</td><td>得分</td><td>总评</td></tr>
<tr><td>1</td><td colspan="2">能说出试模工作的目的和要求</td><td colspan="3">一处不完整或不准确扣 5 分</td><td>10</td><td></td><td rowspan="5">A □
（86 ~ 100 分）
B □
（76 ~ 85 分）
C □
（60 ~ 75 分）
D □
（60 分以下）</td></tr>
<tr><td>2</td><td colspan="2">能准备好试模所需技术资料</td><td colspan="3">资料准备不充分不得分</td><td>10</td><td></td></tr>
<tr><td>3</td><td colspan="2">能说出试模的工作过程</td><td colspan="3">一处不完整或不准确扣 5 分</td><td>20</td><td></td></tr>
<tr><td>4</td><td colspan="2">能按试模要求制订工作计划</td><td colspan="3">制订的工作计划一处不合理扣 10 分</td><td>50</td><td></td></tr>
<tr><td>5</td><td colspan="2">能积极参与小组讨论，运用专业术语与他人交流（小组长对成员打分）</td><td colspan="3">参与积极性高，合作意识好得 10 分；参与积极性一般，合作意识一般得 5 分；参与积极性差，合作意识差得 1 分</td><td>10</td><td></td></tr>
<tr><td>小结
建议</td><td colspan="8"></td></tr>
</table>

学习活动 2　注塑机的操作与维护保养

学习目标

1. 能说出注塑机的组成结构及原理。
2. 能说出注塑机的种类、用途及各自的加工特点。
3. 能校验注塑机与模具的相关参数。
4. 能完成注塑机日常点检工作。
5. 能遵守注塑机的操作规程及安全制度正确操作注塑机。
6. 能在工作现场执行 7S 管理规定。

建议学时：2 学时。

学习过程

1．参观注射成型车间，记录注射成型车间的设备名称和用途，并写出试模用注塑机的型号与规格。

2．注塑机按照注射装置和锁模装置的排列方式不同分为角式注塑机、立式注塑机和卧式注塑机。按照螺杆的结构不同分为柱塞式注塑机和螺杆式注塑机。查阅资料，在表 7–3 中填写各类注塑机的用途及加工特点。

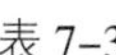

表 7-3　　各类注塑机的用途及加工特点

分类方式	类别	用途	加工特点
按照注塑装置和锁模装置的排列方式不同	角式注塑机		
	立式注塑机		
	卧式注塑机		
按照螺杆的结构不同	柱塞式注塑机		
	螺杆式注塑机		

3．注塑机（图 7–1）是将热塑性塑料或热固性塑料利用塑料成型模制成各种形状的塑料制件的主要成型设备。注射成型是通过注塑机和模具来实现的。企业中常用的是卧式螺杆式注塑机，如下图所示。根据教师对注射成型车间的现场讲解和图片内容，写出该注塑机的结构及原理。

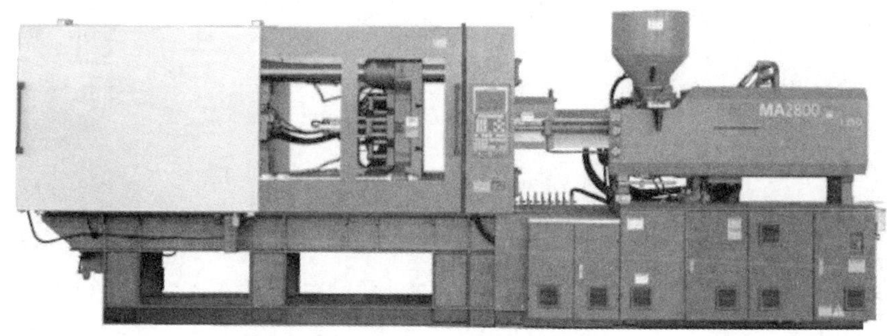

图 7–1　注塑机

4．模具设计时，设计者必须根据制件的结构特点、制件的质量、制件的技术要求确定模具结构，同时还要考虑与之匹配使用的注塑机的技术参数。如模具的定位圈尺寸、模板的外围尺寸、注射量的大小、推出机构的设置及锁模力的大小等，都必须参考注塑机的类型及相关尺寸进行设计，否则模具就无法与注塑机匹配，注射成型过程也无法进行。选择本校的一种注塑机，查阅其使用说明书，摘录主要技术参数，并与塑料碗塑料成型模相关的参数进行校核，验证模具与注塑机是否匹配。

（1）注射量

（2）锁模力

（3）拉杆间距

（4）注塑机固定板定位圈孔径

（5）注塑机的喷嘴直径

（6）注塑机模板闭合厚度

（7）注塑机的开模行程

（8）注塑机推出行程

（9）其他参数

（10）模具与注塑机是否匹配?

5．注塑机操作项目包括控制键盘操作、电气控制系统操作和液压系统操作三个方面。分别进行注射过程动作、加料动作，注射压力、注射速度、顶出形式的选择，料筒各段温度的监控，注射压力和背压压力的调节等。

（1）查阅资料，写出注塑机日常点检要求及维护保养工作内容。并在教师指导下，对注塑机进行一次日常点检。

（2）观看教师进行注塑机示范操作的步骤，在表 7–4 中记录注塑机控制面板功能键的功能，并规范操作一次。

表 7–4　　注塑机控制面板功能键的功能

功能键	功能
手动	
半自动	
全自动	
锁模（开模 / 锁模参数设定）	
射胶（射胶参数设定）	
熔胶（熔胶 / 抽胶参数设定）	
其他（射台 / 顶针 / 调模 / 出入芯 / 安全门参数设定）	
功能（功能设定）	
温度（温度设定）	
时间（时间设定）	
模号（模号 / 网络 /IC 卡设定）	

6. 为了保证车间生产人员安全和设备安全，对于新员工必须进行三级安全教育。三级安全教育是指对新员工进行安全生产的入厂教育、车间教育、班组教育。对调换新工种，采取新技术、新工艺、新设备、新材料的员工，必须进行新岗位、新操作方法的安全卫生教育，受教育者，经考试合格后，方可上岗操作。

在注射成型车间内找出下列现场管理规章制度和操作规程，并进行抄录学习。

（1）注射成型车间生产管理规章制度

（2）注塑机操作规程

7. 按照注射成型车间规章制度和注塑机操作规程，在车间进行注塑机的操作。操作前摘录技能要点，操作后做好学习记录。

评价与分析

学习活动过程评价表

<table>
<tr><td>班级</td><td></td><td>姓名</td><td></td><td>学号</td><td></td><td>日期</td><td colspan="2">年　月　日</td></tr>
<tr><td>序号</td><td colspan="2">评价内容和描述</td><td colspan="3">评价细则</td><td>配分</td><td>得分</td><td>总评</td></tr>
<tr><td>1</td><td colspan="2">能说出注塑机的结构及原理</td><td colspan="3">一处不完整或不准确扣 5 分</td><td>10</td><td></td><td rowspan="7">A □
（86 ~ 100 分）
B □
（76 ~ 85 分）
C □
（60 ~ 75 分）
D □
（60 分以下）</td></tr>
<tr><td>2</td><td colspan="2">能说出注塑机的种类及各自的加工特点</td><td colspan="3">一处不完整或不准确扣 5 分</td><td>10</td><td></td></tr>
<tr><td>3</td><td colspan="2">能校验注塑机与模具的相关参数</td><td colspan="3">一处不完整或不准确扣 5 分</td><td>20</td><td></td></tr>
<tr><td>4</td><td colspan="2">能规范完成注塑机日常点检工作</td><td colspan="3">一处不规范或不正确扣 2 分</td><td>20</td><td></td></tr>
<tr><td>5</td><td colspan="2">能遵守注塑机的操作规程及安全制度正确操作注塑机</td><td colspan="3">一处不规范或不正确扣 2 分</td><td>30</td><td></td></tr>
<tr><td>6</td><td colspan="2">能在工作现场执行 7S 管理规定</td><td colspan="3">能够执行 7S 管理规定中的 5 ~ 6 条得 5 分，能够执行 7S 管理规定中的 3 ~ 4 条得 3 分，能够执行 7S 管理规定中的 1 ~ 2 条得 1 分</td><td>5</td><td></td></tr>
<tr><td>7</td><td colspan="2">能积极参与小组讨论，运用专业术语与他人交流（小组长对成员打分）</td><td colspan="3">参与积极性高，合作意识好得 5 分；参与积极性一般，合作意识一般得 3 分；参与积极性差，合作意识差得 1 分</td><td>5</td><td></td></tr>
<tr><td>小结建议</td><td colspan="8"></td></tr>
</table>

学习活动3 试　　模

学习目标

1. 能说出注射成型工艺参数的名称和含义。
2. 能编制塑料碗塑料成型模的注射成型工艺卡。
3. 能根据注射成型工艺卡在注塑机上正确设置和调整参数。
4. 能明确注射成型工艺参数与制件成型的关系。
5. 能根据试模的安全操作程序，在注塑机上正确安装模具。
6. 能明确试模各辅助工具的用途和使用方法。
7. 能根据塑料制件图样要求，检验制件质量。
8. 能对试模制件进行质量分析。
9. 能在工作现场执行7S管理规定。

建议学时：3学时。

学习过程

1．通过教师的试模示范、讲解，了解试模、生产过程，对照图7–2，回答下面问题。

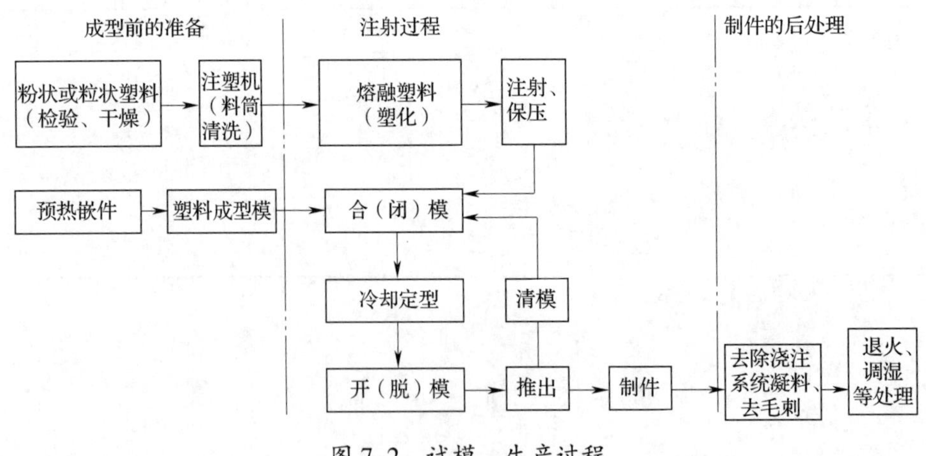

图7–2　试模、生产过程

（1）注射模试模前的准备工作有哪些?

（2）试模、生产包括哪三个过程?

（3）成型周期是指完成一次注射成型工艺过程所需的时间，它包括哪些过程?

（4）塑料颗粒在成型前为什么要进行干燥处理?

（5）塑料的成型工艺特性包括热力学性能、结晶性、取向性、收缩性、流动性、相容性、吸湿性及热稳定性。塑料的工艺特性对注射成型工艺有重大影响。查阅资料，写出以下注射成型工艺常用的专业术语的含义。

1）塑化

2）塑化压力

3）注射压力

4）保压压力

5）成型温度

6）料筒温度

7）喷嘴温度

8）模具温度

9）注射速度

10）注射时间

11）保压时间

12）冷却时间

（6）塑料为什么要进行退火和调湿处理？举例需要处理的塑料名称。

2．查看塑料碗制件图，写出塑料碗的塑料材料名称，并通过查阅资料，写出该材料的成型特性。

3．对塑料制件的评价主要有三个方面，第一是外观质量，包括完整性、颜色、光泽等；第二是尺寸和相对位置的准确性；第三是与用途相关的物理性能、化学性能、电性能等。为了加工出合格的塑料制件，从制件的评价角度，分析编制注射成型工艺规程时应考虑哪些因素。

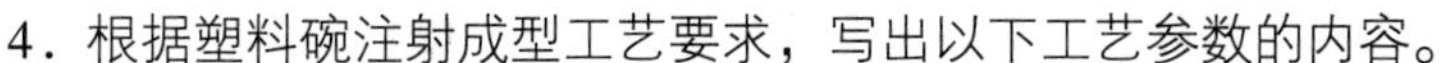

4．根据塑料碗注射成型工艺要求，写出以下工艺参数的内容。

（1）原料的干燥条件

（2）料筒温度

（3）喷嘴温度

（4）螺杆转速

（5）塑化压力

（6）加料量

（7）注射速度

（8）保压时间

（9）模具温度

（10）冷却时间

（11）制件的后处理

5．根据车间的注塑机型号和现场条件，在教师的指导下，小组讨论后编制塑料碗注射成型工艺卡（表7–5）。

表 7-5 塑料碗注射成型工艺卡

设备名称型号		零件名称	塑料碗	零件毛重		材料名称		进芯位置	
产品型号		产品颜色		零件净重		材料型号		退芯位置	
			班产量（模次）		总周期时间	材料颜色		进芯压力	
			冷却			色母比例		进芯速度	
			回收比例		颜料型号名称	退芯压力		行程	
			消耗定额			退芯速度		抽芯	

料筒温度设置	喷嘴温度 / ℃	一段温度 / ℃	二段温度 / ℃	三段温度 / ℃	四段温度 / ℃	五段温度 / ℃	干燥温度 / ℃	干燥时间 / h

项目									
射出时间		射出		射出一	射出二	射出三	射出四	保压一	保压二
			压力 / MPa						
保压时间			速度 / %						
			位置 / mm						
顶出方式		储料		储料一	储料二	顶出	顶退	调模	熔前抽胶
			压力 / MPa						
顶出次数			速度 / %						熔后抽胶
			位置 / mm						
模具型腔		开模 / 关模		一段开模	二段开模	三段开模	一段关模	二段关模	三段关模
			压力 / MPa						
背压			速度 / %						
			位置 / mm						
机台操作人数			技术要求						
操作工									
毛刺工									
顶出杆安装									
主顶出杆根数									
副顶出杆根数									

拟制	审核	批准

6．简述注塑机上安装模具的步骤及注意事项。

7．列举注塑机上安装模具时使用的工具和夹具，写出相应的规格、用途和使用方法。

8．在教师的指导和监督下试模，调整注射成型工艺条件。用半自动操作方式，在确定的工艺条件下，连续、稳定地制取五模以上作为第一组制件。然后依次变化下列工艺条件：注射速度、注射压力、保压时间、冷却时间、料筒温度（调节料筒温度后有适当的恒温时间）制取第二、三、四、五、六组制件。用摄像机记录试模过程。

（1）记录确定工艺条件下稳定生产的各塑料碗制件的工艺参数。

（2）在表 7–6 中记录工艺条件变化后的参数，并描述相应制件状况。

表 7–6　　　　工艺条件变化后的参数及制件状况

组号	工艺条件	变化后的参数	制件状况
1	注射速度		
2	注射压力		
3	保压时间		
4	冷却时间		
5	料筒温度		

9．通过塑料碗的试模工作，观察塑料制件注射加工过程：预塑、注射、保压、冷却、开模、推出、取件、合模。回答以下问题：

（1）注射压力对制件质量的影响。

（2）保压时间和冷却时间对制件质量的影响。

（3）料筒温度对制件质量的影响。

10．根据塑料碗制件的质量要求，检测制件，在表 7–7 中记录检测结果并进行质量分析。

表 7–7　　塑料碗制件的检测

序号	项目	检测工具	检测结果	质量分析
1	壁厚			
2	飞边			
3	外观			
4	颜色			
5	质量			
6	熔接痕			
7	变形			
8	尺寸			

11．根据试模情况，查阅相关资料，填写常见制件缺陷的处理方法（表 7–8）。

表 7–8　　常见制件缺陷的处理方法

序号	制件缺陷	原因	处理办法
1	成品未注满	料温、模具温度低	
		注射压力低	
		预塑量不够	
		注射时间太短	
		注射速度太慢	
		模具排气不良	
		喷嘴阻塞	

续表

序号	制件缺陷	原因	处理办法
2	缩水（抽坑）	预塑量不足	
		注射压力低	
		保压压力不够	
		注射时间太短	
		注射速度太快	
		料温过高	
		模具温度不当	
		冷却时间不够	
		排气不良	
3	成品粘模（脱模困难）	注射压力太高	
		剂量过多	
		保压时间太久	
		注射速度太快	
		料温太高	
		冷却时间不足	
		模具温度过高或过低	
		模具内有脱模倒角	
		模具表面不光滑	
4	毛边	温度太高	
		注射压力太高	
		填料过饱	
		合模线或密封面不良	
		锁模压力不够	
5	开模、顶出时成品破裂	填料过饱	
		模具温度太低	
		有脱模倒角	
		成品脱模时不能平衡脱离	
		顶针顶出过快	
		脱模时模具产生真空现象	

续表

序号	制件缺陷	原因	处理办法
6	熔结痕严重	塑料熔融不佳	
		模具温度过低	
		注射速度太慢	
		注射压力太低	
		塑料不洁或掺有杂质	
		脱模油太多	
		模内空气排除不及时	
7	流纹	塑料熔融不佳	
		模具温度太低	
		注射速度太快或太慢	
		注射压力太高或太低	
		塑料不纯	
		溢口过小产生射纹	
		成品断面厚薄相差太多	
8	银纹（银丝）	塑料含有水分	
		塑料温度过高或模具过热	
		注射速度太快	
		模具温度太低	
		料筒内夹有空气	
9	成品表面不够光滑	模具温度太低	
		塑料剂量不够	
		模内有过多脱模油	
		模内表面有水	
		模内表面不光滑	
10	成品变形	成品顶出时尚未冷却	
		成品形状及厚薄不对称	
		进料过多	
		几个溢口进料不平衡	
		顶出系统不平衡	
		模具温度不均匀	
		近溢口部分原料太松或太紧	

续表

序号	制件缺陷	原因	处理办法
11	成品内有气孔	注射压力太低	
		注射时间不足	
		注射速度太快	
		塑料含水分	
		塑料温度过高以致分解	
		模具温度不均匀	
		冷却时间太长	
		背压不够	
		料筒温度不当	
12	黑点	原料过热部分附着料筒管壁	
		塑料混有异物、纸屑等	
		射入模内时产生焦斑	
		料筒内有使原料过热的死角	
13	黑纹	原料温度过高	
		螺杆转速太快	
		喷嘴孔过小或温度过高	
14	喷嘴漏胶	料筒温度过高	
		背压调整不当	
		整进行程不够	

评价与分析

学习活动过程评价表

班级		姓名		学号		日期	年 月 日
序号	评价内容和描述	评价细则			配分	得分	总评
1	能说出注射成型工艺参数的名称和含义	一处不完整或不准确扣 5 分			10		
2	能根据注射成型工艺卡在注塑机上正确设置和调整参数	一处不正确扣 5 分			10		

续表

序号	评价内容和描述	评价细则	配分	得分	总评
3	能说出注射成型工艺参数与制件成型的关系	一处不完整或不准确扣 2 分	10		A□（86 ~ 100 分） B□（76 ~ 85 分） C□（60 ~ 75 分） D□（60 分以下）
4	能根据试模的安全操作程序，在注塑机上正确安装模具	一处不正确扣 2 分	20		
5	能正确使用试模各辅助工具	一处不正确扣 2 分	20		
6	能正确选择量具对制件进行测量	一处不正确扣 2 分	10		
7	能正确完成试模制件的质量分析	一处不正确扣 2 分	10		
8	能在工作现场执行 7S 管理规定	能够执行 7S 管理规定中的 5 ~ 6 条得 5 分，能够执行 7S 管理规定中的 3 ~ 4 条得 3 分，能够执行 7S 管理规定中的 1 ~ 2 条得 1 分	5		
9	能积极参与小组讨论，运用专业术语与他人交流（小组长对成员打分）	参与积极性高，合作意识好得 5 分；参与积极性一般，合作意识一般得 3 分；参与积极性差，合作意识差得 1 分	5		
小结建议					

学习活动4　修　　模

学习目标

1. 能对试模制件进行质量分析，制定修模工艺。
2. 能说出塑料碗塑料成型模验收的流程和验收要点。
3. 能采用合适的工艺方法进行修模。
4. 能制订塑料碗塑料成型模日常保养计划。
5. 能判断塑料模具的失效形式。
6. 能对模具结构提出优化建议。
7. 能在工作现场执行7S管理规定。

建议学时：3学时。

学习过程

1．制件的缺陷主要源于模具的设计、制造精度和磨损程度等方面的问题。当采用工艺手段弥补模具缺陷带来的问题成效不大时，应进行修模。

以小组形式讨论分析塑料碗塑料成型模试模制件的质量和模具质量，写出质量分析报告。

2．塑料模具的分型面都加工有排气槽，排气槽有何作用？排气槽设置的原则是什么？

3．排气槽设置可以在试模前，也可以在试模后，对于复杂制件一般在试模后根据料流末端的位置开设排气槽。通过第一次试模，分析制件质量，在模具分型面上开设排气槽。试确定排气槽的位置和尺寸。

4．查阅资料，简述塑料模具修模的基本原则。

5．根据质量分析报告，小组针对模具加工和装配中出现的问题进行讨论，制定合理的修模工艺，填写表 7–9。

表 7–9　　制定修模工艺

工序	工步	操作内容	修模精度要求	主要工具、量具

6．修模完成后，按照试模的过程，再次进行试模。试比较修模前后制件质量有哪些变化。

7．塑料模具的验收主要是对模具结构、制件质量、注射成型工艺三个方面进行评估，确保模具交付使用后能正常投入生产。查阅资料，写出塑料碗塑料成型模验收的流程和验收要点。

8．塑料模具的寿命是指在保证制件品质的前提下，模具所能达到的生产次数。它包括成型零件的修理和更换易损件后，直至模具的主要部分更换前，所成型的合格制件总数。

模具的保养比维修更重要，模具维修的次数越多，模具寿命越短，因此模具的保养是保证模具正常使用的重要环节。针对塑料碗塑料成型模，制订日常保养计划。

9．塑料模具的失效形式有哪些？如何延长模具寿命？

10．小组讨论：在完成塑料碗塑料成型模装配、试模与修模任务后，对模具结构提出优化建议。

评价与分析

学习活动过程评价表

<table>
<tr><td>班级</td><td></td><td>姓名</td><td></td><td>学号</td><td></td><td>日期</td><td colspan="2">年　月　日</td></tr>
<tr><td>序号</td><td colspan="2">评价内容和描述</td><td colspan="3">评价细则</td><td>配分</td><td>得分</td><td>总评</td></tr>
<tr><td>1</td><td colspan="2">能对试模制件进行质量分析，制定合理的修模工艺</td><td colspan="3">一处不合理扣 5 分</td><td>10</td><td></td><td rowspan="8">A □
（86 ~ 100 分）
B □
（76 ~ 85 分）
C □
（60 ~ 75 分）
D □
（60 分以下）</td></tr>
<tr><td>2</td><td colspan="2">能说出塑料碗塑料成型模验收的流程和验收要点</td><td colspan="3">一处不正确扣 5 分</td><td>10</td><td></td></tr>
<tr><td>3</td><td colspan="2">能采用合适的工艺方法进行修模</td><td colspan="3">一处不正确扣 5 分</td><td>20</td><td></td></tr>
<tr><td>4</td><td colspan="2">能制订塑料碗塑料成型模日常保养计划</td><td colspan="3">一处不正确扣 2 分</td><td>20</td><td></td></tr>
<tr><td>5</td><td colspan="2">能判断塑料模具的失效形式</td><td colspan="3">不正确不得分</td><td>20</td><td></td></tr>
<tr><td>6</td><td colspan="2">能对模具结构提出合理的优化建议</td><td colspan="3">一处不合理扣 2 分</td><td>10</td><td></td></tr>
<tr><td>7</td><td colspan="2">能在工作现场执行 7S 管理规定</td><td colspan="3">能够执行 7S 管理规定中的 5 ~ 6 条得 5 分，能够执行 7S 管理规定中的 3 ~ 4 条得 3 分，能够执行 7S 管理规定中的 1 ~ 2 条得 1 分</td><td>5</td><td></td></tr>
<tr><td>8</td><td colspan="2">能积极参与小组讨论，运用专业术语与他人交流（小组长对成员打分）</td><td colspan="3">参与积极性高，合作意识好得 5 分；参与积极性一般，合作意识一般得 3 分；参与积极性差，合作意识差得 1 分</td><td>5</td><td></td></tr>
<tr><td>小结
建议</td><td colspan="8"></td></tr>
</table>

学习活动5　工作总结、成果展示与经验交流

学习目标

1. 能正确、规范撰写工作总结。
2. 能采用多种形式进行成果展示。
3. 能有效进行工作反馈与经验交流。

建议学时：1学时。

学习过程

一、展示与评价

把小组制作好的塑料碗塑料成型模和制件先进行分组展示，再由小组推荐代表做必要的介绍。在展示的过程中，以小组为单位进行评价；评价完成后，根据其他小组成员对本小组展示成果的评价意见进行归纳总结。完成如下项目：

1．展示的产品符合技术标准吗？

符合□　　不符合□　　可返修□　　直接报废□

2．与其他小组相比，你认为本小组的产品工艺如何？

工艺优化□　　工艺合理□　　工艺一般□

3．本小组介绍成果表达是否清晰？

很好□　　一般，常补充□　　不清晰□

4．本小组演示产品检测方法操作正确吗？

正确□　　部分正确□　　不正确□

5．本小组演示操作时遵循7S管理规定了吗？

遵循了□　　部分遵循□　　完全没有遵循□

6．本小组成员的团队创新精神如何？

良好□　　一般□　　不足□

7．总结本次任务是否达到学习目标。如果没有达到学习目标，分析并写出哪部分内容没有学好，然后返回到相应处补充学习。

二、教帅评价

对各小组的展示过程及塑料碗塑料成型模和制件质量进行点评，对不足的地方提出改进方法。

三、综合评价

学习任务七评价表

班级：__________ 姓名：__________ 学号：__________

<table>
<tr><td rowspan="3">项目</td><td colspan="3">自我评价</td><td colspan="3">小组评价</td><td colspan="3">教师评价</td></tr>
<tr><td>10 ~ 9</td><td>8 ~ 6</td><td>5 ~ 1</td><td>10 ~ 9</td><td>8 ~ 6</td><td>5 ~ 1</td><td>10 ~ 9</td><td>8 ~ 6</td><td>5 ~ 1</td></tr>
<tr><td colspan="3">占总评 10%</td><td colspan="3">占总评 30%</td><td colspan="3">占总评 60%</td></tr>
<tr><td>学习活动 1</td><td></td><td></td><td></td><td></td><td></td><td></td><td></td><td></td><td></td></tr>
<tr><td>学习活动 2</td><td></td><td></td><td></td><td></td><td></td><td></td><td></td><td></td><td></td></tr>
<tr><td>学习活动 3</td><td></td><td></td><td></td><td></td><td></td><td></td><td></td><td></td><td></td></tr>
<tr><td>学习活动 4</td><td></td><td></td><td></td><td></td><td></td><td></td><td></td><td></td><td></td></tr>
<tr><td>学习活动 5</td><td></td><td></td><td></td><td></td><td></td><td></td><td></td><td></td><td></td></tr>
<tr><td>协作精神</td><td></td><td></td><td></td><td></td><td></td><td></td><td></td><td></td><td></td></tr>
<tr><td>纪律观念</td><td></td><td></td><td></td><td></td><td></td><td></td><td></td><td></td><td></td></tr>
<tr><td>表达能力</td><td></td><td></td><td></td><td></td><td></td><td></td><td></td><td></td><td></td></tr>
<tr><td>工作态度</td><td></td><td></td><td></td><td></td><td></td><td></td><td></td><td></td><td></td></tr>
<tr><td>小计</td><td colspan="3"></td><td colspan="3"></td><td colspan="3"></td></tr>
<tr><td>总评</td><td colspan="9"></td></tr>
</table>

任课教师：__________ __________年 ______月 ______日

worldskills international

世赛知识

第 44 届世界技能大赛塑料模具工程项目金牌获得者张志斌

张志斌，男，汉族，1996 年 10 月出生，广东省普宁市人，共青团员，广东省机械技师学院数控加工中心专业 2012 级学生；在第 44 届世界技能大赛上获塑料模具工程项目金牌。

谈到获奖经历，他说："一旦找准人生的方向和目标，就要坚持不懈，奋勇前行。入校后第二个学期，我考入学校技能竞赛班，虽然竞赛班的压力很大、竞争很激烈，但我把'坚持不懈'作为座右铭。因为喜欢这个技能，即便每天三点一线的枯燥训练，没有寒暑假，我也能全身心地投入训练，每一天都过得特别充实，我觉得只要我努力了，就会有不一样的人生。回首学习经历，我一步一个脚印，从不好高骛远，认真踏实地做好每一件事。例如：防止零件结构变形、材料内应力的释放、加工温度对精度的影响等，都是难以掌握的技术难点，每个难点我都要通过上百次的训练和尝试、经历数不清的失败后，才能掌握其中的规律。"